Patrick Reiner

Jens Hilbert

Den Mutigen gehört die Welt

Lieber Patrick,

vielen Dank für Dein Vertrauen und Deine Mutsstütze!

Ich hoffe, mein Buch kann Selbiges für Dich von Zeit zu Zeit tun.

Herzlichst,

Jens

Jens Hilbert

Den Mutigen gehört die Welt

Ein Ratgeber für außergewöhnliche Karrieren

REDLINE | VERLAG

Bibliografische Information der Deutschen Nationalbibliothek:
Die Deutsche Nationalbibliothek verzeichnet diese Publikation in der Deutschen Nationalbibliografie; detaillierte bibliografische Daten sind im Internet über http://d-nb.de abrufbar.

Für Fragen und Anregungen:
hilbert@redline-verlag.de

1. Auflage 2014

Nymphenburger Straße 86
D-80636 München
Tel.: 089 651285-0
Fax: 089 652096

Lektorat: Silke Panten, München
Umschlagabbildung: Kristin Hoffmann, München
Satz: Georg Stadler, München
Druck: Konrad Triltsch GmbH, Ochsenfurt
Printed in Germany

ISBN Print 978-3-86881-532-0
ISBN E-Book (PDF) 978-3-86414-640-4
ISBN E-Book (EPUB, Mobi) 978-3-86414-641-1

Weitere Informationen zum Verlag finden Sie unter
www.redline-verlag.de
Beachten Sie auch unsere weiteren Verlage unter
www.muenchner-verlagsgruppe.de

Inhalt

Vorwort

von Mariella Ahrens

Dass mich Jens immer wieder mit interessanten und unkonventionellen Ideen überrascht, bin ich ja schon gewohnt. Als er mich bat, mal in sein neuestes Projekt, sein Buch, zu schauen, war ich sofort gefesselt.

Obwohl ich glaubte, ihn schon sehr gut zu kennen, begeisterte er mich mit vielen weiteren Eindrücken, die mich einerseits zum Nachdenken anregten und sogar in vielerlei Hinsicht motivierten, hier und da auch etwas für mich zu übernehmen.

Er schreibt sehr offen, viel offener, als ich es ihm an sich raten würde, denn nicht immer gehen die Medien damit auch fair um. Auf der anderen Seite wurde mir selbst klar, dass man immer mal wieder so einen Menschen wie Jens als Coach gebrauchen kann, der einen beim Umsetzen seiner Träume in die Wirklichkeit unterstützen kann. An Mut fehlt es Jens nämlich keinesfalls.

Er geht kritisch und sehr hart mit sich und seinen bisherigen Erfahrungen als Manager ins Gericht. Er zeigt anhand seiner gemachten Fehler auf, wie man es besser machen kann. Was ich äußerst interessant finde, ist sein Umgang mit Lebenskrisen und Niederlagen.

Bis ich Teile des Buches gelesen hatte, dachte ich immer, dass Jens im Grunde der Erfolg zufliegen würde, weil er immer mit einer Leichtigkeit scheinbar mühelos alles erreicht, was er sich vornimmt.

Das Buch lehrte mich, wie viel Strategie, Fleiß und Ehrgeiz hinter seinem Erfolg stehen. Jens schildert sehr anschaulich, wie man aus sich selbst das Beste herausholen und seine Träume verwirklichen kann.

Auf den ersten Blick wirkt Jens manchmal wie ein bunter Vogel, dem man zunächst gar nicht zutraut, ein riesiges Unternehmen zu führen und als Coach und Referent so erfolgreich zu sein. Er beweist mit diesem Buch einmal mehr, dass hinter der bunten Fassade ein intelligenter und fleißiger Unternehmer steckt, der das Herz am rechten Fleck hat.

Ich bin froh, einen so tollen Menschen als meinen Freund bezeichnen zu dürfen, und finde ihn als Coach wunderbar.

Viel Freude beim Lesen,
Mariella Ahrens

Einleitung: Sei du selbst, aber sei die beste Ausgabe deiner selbst, die du sein kannst!

Du kommst als Baby auf die Welt und bist perfekt – und dann wird alles anders. Du wirst trotz deiner entsetzlichen Schreierei bedingungslos geliebt und du kannst zu jeder Tages- und Nachtzeit deine Wünsche äußern, ohne irgendeine Gegenleistung zu erbringen. Du musst nur sein und bist für diese Leistung schon liebenswert, vollkommen und der größte Star aller Zeiten – zumindest für zwei Personen dieser Welt: deine Eltern.

Du kommst als Baby auf die Welt und bist perfekt

Danach prägt dich deine Erziehung, die Umwelt beeinflusst dich und alle Dinge, die auf dich einprasseln, machen dich schließlich zu dem, was du bist: ein Mensch mit Bildung, sozialem Stand, Werten, Zielen und allem in allem vielen Verhaltensweisen, die du beigebracht bekommen hast. Das führt zu Schubladendenken, dem Empfinden von Gut und Böse und du fängst an, nach diesen Denkmustern zu bewerten und zu werten. Und leider ist's hier auch schon passiert: Du entscheidest nur insofern mutig, intuitiv und spontan, wie dich deine Umwelt im Positiven wie im Negativen beeinflusst hat. Aus Situationen entstehen Erfahrungswerte und aus diesen Erfahrungswerten entwickelst du deine Charaktereigenschaften. Je älter du wirst, desto mehr Verantwortung für dich und deine Handlungen übernimmst du. Wenn möglich, wollen wir alle nur erfolgreiche und lobenswerte Taten vollbringen, aber leider sieht die Realität auch Misserfolge und schmerzhafte Momente vor. Wie sonst sollten wir glückliche Momente wertschätzen können, wenn wir die Zeiten von Traurigkeit und Frustration nicht erleben?

Es gibt verschiedene Bedürfnisse, denen wir Menschen regelmäßig nacheifern. Wir wollen das Gefühl von Sicherheit spüren, einen sicheren Job und ein Dach über dem Kopf haben. Wir suchen nach Freunden und Partnerschaften, die uns Halt und Selbstvertrauen geben, weil wir uns auch geborgen und geliebt fühlen wollen. Allein bei diesen Bedürfnissen merke ich in meinen Coachings als Trainer oft, dass jeder Mensch einen Rucksack voller Lebenserfahrungen sammelt. Dummerweise sind die schmerzhaften Erfahrungen die, die wie Blei im Rucksack liegen und später Ängste verursachen. Durch Verletzungen, bei denen wir uns die Finger verbrannt haben, werden wir schließlich vorsichtiger in unseren Handlungen. Diese Vorsicht nimmt uns oftmals Selbstvertrauen und das minimiert dann auch unsere Aussicht auf Erfolg. In der Folge werden wir noch vorsichtiger, wenn es um mutige Taten geht, die Lob und Anerkennung bringen und uns einzigartiger als der Durchschnitt machen können. Wie auch ich sehnt sich jeder Mensch nach Lob und Anerkennung. Wir vergleichen uns unbewusst mit unserer Umwelt. Durch diesen Vergleich mit anderen suchen und finden wir unsere Anerkennung nach großer Anstrengung und harter Arbeit in Statussymbolen und überdurchschnittlichem Wohlstand.

Wenn wir uns schon vergleichen, wollen wir wenigstens, dass uns unsere Umwelt beneidet oder auch als Vorbild zur eigenen Motivation nutzt, das bringt uns zum Glänzen.

Opfer und Versager oder Macher und Entscheider?

Viele Menschen erreichen diese Anerkennung aber niemals im Leben, weil sie sich nicht frei und unabhängig entwickeln und es auch niemals schaffen, sich der Fremdbestimmung ihrer Umwelt zu entziehen. Sie sind durch die fehlende innere Stärke nicht selbstbewusst, fristen ihr Dasein in der Masse des Mittelmaßes und geben sich damit schlussendlich zufrieden.

Ich habe mich viele Jahre unterbuttern lassen und habe viele Erniedrigungen einstecken müssen – und fast wäre ich daran zerbrochen. Irgendwann habe ich mich dann entschieden, mein Dasein als vermeintlich wertloses, hässliches Entlein zu beenden. Ich habe die Jahre, in denen ich mich zum Selbstschutz in meiner Festung verbarrikadiert habe, hinter mir gelassen und habe den Mut gefasst, mich meinen Feinden zu stellen. Ich habe die Tore geöffnet und mich mutig auf den Kriegsschauplatz, das Leben, gestellt. Ich wollte kein Opfer meiner Umwelt und noch schlimmer, meiner selbst sein. Am Scheitelweg meines Lebens stand ich vor der Entscheidung, entweder Opfer und Versager oder Macher und Entscheider zu sein. Ich entschied mich dazu, den Macherweg zu gehen. An diesem Weg wollte ich aufhören zu jammern, ich wollte handeln, und zwar eigenverantwortlich. Ich wusste, dass ich am Ende des Tages nur einer Person Rechenschaft ablegen musste, und das war ich selbst.

»Ich kann nicht« heißt »Ich will nicht«

Kein Mensch ist geschützt vor Niedertracht und kein Mensch ist unverletzlich. Wir alle tragen Verletzungen viele Jahre als Makel mit uns herum und werden dadurch unbewusst kleine Opfer. Ich wollte mein Leben endlich leben, ich wollte es glücklich und mit allen mir zur Verfügung stehenden Möglichkeiten ausleben und so fing ich Schritt für Schritt an. Trotz jahrelanger Prägungen und antrainierter Verhaltensweisen, die sich zu Charaktereigenschaften entwickelt hatten, überlegte ich, ob ich diese wohl langfristig ändern könnte. »Ich kann nicht« heißt »Ich will nicht«. Jetzt wollte ich, also konnte ich auch und so setzte ich mir mein größtes Ziel im Leben: frei und unabhängig zu werden. Mit einem gesunden Selbstwertgefühl und einer großen inneren Stärke. Ich wollte meinen Glauben wiedererlangen, dass ich gut bin, so wie ich bin und darauf wollte ich stolz sein. Ich wollte das Machtzepter wieder in die Hand nehmen und zu einem selbstbestimmten Menschen werden, der tut und lässt, was ihm gefällt, und der sich von nichts und niemandem in sein Leben reinreden lässt.

Wie geht's dir bei diesem Einstieg? Hast du auch manchmal das Gefühl, dass es in dir Grenzen gibt, die du gerne sprengen möchtest, um dich frei wie ein Vogel zu fühlen? Hast du auch manchmal das Gefühl, dass es noch Träume und Wünsche gibt, die du aus Angst und Scham vor Gelächter der anderen nicht kommunizierst oder angehst?

Die Frage ist: Was ist der richtige Weg?

Ich traf die Entscheidung, ein erfolgreicher Macher zu werden. Ich wollte meine Träume verwirklichen und den Weg der Mutigen dieser Welt gehen – und aus diesem Grund habe ich dieses Buch geschrieben. Der Weg zu dieser Entscheidung dauerte über 20 Jahre, denn seit meiner Jugend erfuhr ich von meiner Umwelt vor allem eines: Du, lieber Jens, bist merkwürdig, anders und nicht normal. Bist du ein Junge oder ein Mädchen, bist du schwul oder normal? Meine persönliche Entwicklung war stets mit vielen Erniedrigungen gepflastert, die mich sehr früh dazu veranlassten, darüber nachzudenken, wer ich war und was ich sein wollte. War ich richtig, wie ich war, oder sollte ich anders sein? Wie konnte ich unauffälliger sein und normal wie alle anderen – und was war eigentlich normal? Ist anders sein und sich von der Masse abheben gut oder ist es doch besser, unter dem Radar in der Masse zu fliegen? Das ist in unser aller Leben immer wieder die Frage: Was ist der richtige Weg? Wenn's klappt, bin ich gerne ein risikobereiter, mutiger Mensch, wenn nicht, dann lass ich das lieber.

Tja, aber wer hat denn nun die Weisheit inne und kann mir sagen, welcher Weg der richtige ist? Fakt ist, wir Menschen lieben Anerkennung und Bewunderung mehr als Ablehnung. Mein Problem war damals, dass ich viel häufiger das Letztere erfahren habe. Durch zahlreiche Demütigungen, die ich bereits früh erfahren musste, war es sehr schwierig, mich wohl in meiner Haut zu fühlen. So hat auch mein Selbstvertrauen gelitten und ich hatte nicht viel, worauf ich stolz sein konnte. Während meine Klassenkameraden zum Fußball gegangen sind, war ich bereits unschlüssig, was ich wollte und was ich laut Aussagen meiner Umwelt wollen sollte. Je mehr ich meiner Umwelt glaubte, dass dem Anschein nach etwas an mir nicht stimmte, desto mehr versuchte ich den Grund dafür herauszufinden, schließlich wollte auch ich endlich dazu gehören. Gesagt, getan, war ich bereits mit zehn Jahren zum ersten Mal bei einem Erfolgstrainer auf einem Seminar und habe mich aufgrund meiner Minderwertigkeitskomplexe mit menschlichen Verhaltensweisen, Wertvorstellungen sowie Lebenszielen und Wünschen auseinandergesetzt. Ich wollte den für mich richtigen und ganz besonders freien und unabhängigen Weg suchen.

Dieses ganze Wissen brachte mit sich, dass ich sehr viele Erkenntnisse darüber gesammelt habe, was richtig und was falsch ist. Ich verstand sogar irgendwann, dass meine Andersartigkeit meine Einzigartigkeit definierte, und darüber bin ich heute glücklicher denn je.

Ich bin heute zufrieden mit mir und erscheine meiner Umwelt gegenüber dadurch selbstbewusst und stark, mit positiver Energie und viel Motivation.

Ein bisschen mehr Mut bei Entscheidungen

Mein Wissen darüber, was es heißt, zu fallen und wieder aufzustehen, brachte mir bislang überdurchschnittliche Erfolge in meinem Leben. Ich habe mir mit meiner Entwicklung viel Freiheit erarbeitet, die mir die Angst vorm Fallen nimmt und mich risikobereiter als der Durchschnitt macht. Meine Erfahrung im Coaching zeigt, dass viele Menschen vor der Entscheidung zu einer mutigen Tat oftmals zu viel nachdenken und überlegen. Sie nutzen ihre Chancen nicht, weil das Selbstvertrauen fehlt und die Ängste überwiegen. Genau in diesen Lebensentscheidungen geht die Mehrheit der Menschen den schmerzloseren Weg und das hat zur Folge, dass zwar das Ausmaß des möglichen Misserfolges kleiner ist, aber leider dadurch auch die Möglichkeit auf überdimensionale Erfolge sinkt. Die Frage ist, wie findest du heraus, was ein bisschen mehr Mut bei Entscheidungen für dich bedeutet, und wie findest du heraus, was das richtige Maß für dich ist, damit dein Bauchgefühl trotz Risikos noch stimmt?

Immer wenn ich mir die eingangs erwähnte Bedingungslosigkeit ins Gedächtnis rufe, mit der Eltern ihre Babys lieben, empfinde ich etwas wie Erleichterung. Als Baby war mir letztlich nichts peinlich und ich war völlig frei und ungehemmt in meinem Kopf. Allein darüber zu schwärmen macht mich schon glücklich. Diese Denkweise wollte ich mir als Erwachsener auch wieder erkämpfen. Also setzte ich mir das Ziel, für mehr Freiheit und Ungehemmtheit in meinem Leben Raum zu schaffen.

Ängste können dich auch vor Dummheiten bewahren

Wie kannst auch du dich frei machen von antrainierten Glaubenssätzen, die dich in deiner Entwicklung hemmen, und wie kannst auch du dich von deinen Ängsten befreien, um dann mutigere Schritte in deinem Leben zu gehen? Es gibt immer wieder Situationen, in denen du dich auf dünnem Eis oder in unsicherem Terrain bewegst – vom Ansprechen einer tollen Frau in der Disko, über die Verhandlung von mehr Gehalt mit dem Chef, bis zur Gründung eines eigenen Unternehmens. Genau in diesen Momenten, in denen du abwägst, ob du weglaufen, stehen bleiben oder mit Tatendrang vorwärts laufen solltest, genau hier stehen dir deine Ängste, die dich hemmen, tatsächlich einfach loszulaufen, oftmals im Weg. Ängste sind nicht grundsätzlich schlecht, denn Ängste können auch vor Dummheiten bewahren. Was ich aber meine, ist, dass es einschätzbare Risiken gibt und wir oftmals trotzdem nicht die Gunst der Stunde nutzen und vorwärts stürmen. Ganz ehrlich, warum haben wir immer wieder Angst vor Ablehnung, beispielsweise einen Korb zu bekommen? Welche Angst blockiert uns, wenn wir uns überlegen, mit dem Chef über mehr Gehalt zu sprechen?

Am Ende steht doch immer die doofe Frage: Was wäre gewesen, wenn du es doch gewagt hättest – was wäre gewesen, wenn? Du weißt um den Umstand, nur das eine Leben zu haben, also nutze es auch und teste alles aus und erlebe aufregende Situationen, damit am Ende nicht die Frage bleibt: Was wäre gewesen, wenn?

Die Frage ist: Was wiegt schwerer – es zu versuchen und das Risiko eingehen, mal zu scheitern, oder es erst gar nicht zu versuchen? Versuchst du es und die mutige Tat führt tatsächlich zum Misserfolg, bleibt der kurzfristige Frust, das ist okay. Wagst du jedoch erst gar keinen Versuch, bleibt der viel schlimmere Frust, der langjährige, wenn du nach vielen Jahren eines Tages zurückblickst und begreifst: Mensch, das hättest du damals besser anders machen sollen, warum nur hast du so lange gewartet? Jetzt ist es zu spät. Viele Menschen bereuen am Ende ihres Lebens eher die Dinge, die sie nicht versucht haben, als die, die schiefgegangen sind. Deshalb nutze die Zeit, die noch vor dir liegt, und nutze dieses Buch als Motivator und Begleiter für deinen persönlichen Lebenserfolg. Wenn du mal ganz tief in dich hineinhörst, wer würdest du gerne sein? Was würdest du gerne machen? Was steckt da ganz tief in dir, was du niemandem bisher gesagt hast, weil du glaubst, dass es albern oder realitätsfern sei? Oder noch schlimmer: Gibt es etwas, das du gerne an dir oder deinem Leben ändern würdest und du hast es bereits jemandem anvertraut und wurdest dafür ausgelacht? Mein Rat an dich: Packe dein Päckchen und laufe los zum Basislager 1 auf dem Weg zum Gipfel des Mount Everest. Mach dich auf zu deinem Gipfel, deiner Selbstverwirklichung, die dir Glück und Zufriedenheit bringen wird, und lass dich in deinen Visionen von niemandem begrenzen.

Solltest du am Ende dieses Buchs das Gefühl haben, »Ja, er hat Recht, jetzt geht's los!«, dann freue ich mich sehr. Die Entscheidung zu treffen, kein Opfer mehr zu sein, sondern die Verantwortung für sich und seine Träume zu übernehmen und diese dann in die Umsetzung zu bringen, ist der erste Schritt. Wenn du das Ziel hast, nicht mehr stehen bleiben zu wollen oder gar rückwärts und damit wegzulaufen, dann ist die Entscheidung für den Weg nach vorn jetzt gekommen. Aber nun folgt noch das Kleingedruckte, denn vor dem Erfolg stehen harte Arbeit und Fleiß. Der Gipfel ist weit und der Anstieg steil. Aus eigener Erfahrung weiß ich, dass die Menschen, denen der Erfolg förmlich zuzufliegen scheint, hart dafür gearbeitet haben. Mir ist es wichtig, dass du nicht glaubst, am Fuße des Mount Everests in einen Helikopter steigen zu können, um dann problemlos bis zum Gipfel zu fliegen. Der Weg über die Basislager 1 bis 3 ist eben der einzig wahre und erfüllende Weg, den du zum Gipfel nehmen kannst. Du musst dich entscheiden, etwas ändern zu wollen, und dann musst du loslaufen. Die Herausforderungen während des steilen Anstiegs zum Gipfel und damit verbunden die unvorhergesehenen Grenzsituationen, die du erleben wirst, sind immer wieder kleine Tests, in denen du entscheiden wirst, ob du von dort an weiter vorwärtsgehst oder lieber wieder umkehrst.

Der Mut zu fallen ist so wichtig und bringt erst einmal Schmerzen

Genau diese Situationen, wenn du Todesängste am Berg oder in der Realität Existenzangst oder Versagensängste ausstehst – genau diese Strecken bringen dir deine wirkliche Erfüllung und Zufriedenheit und damit das Glück deines Lebens. Nur aus deinen schwersten Testsituationen und deinen mutigsten Entscheidungen können auch deine größte Freude und dein größtes Glücksgefühl entstehen. Deshalb ist dein Mut zu fallen so wichtig. Der Fall bringt zwar erst einmal Schmerzen, aber das Heilen der Wunden bringt Erfahrungswerte, um die Schmerzen das nächste Mal zu vermeiden. Dadurch baust du Vertrauen in dich selbst auf, denn das nächste Mal weißt du es besser und machst den Fehler nicht noch mal. Das macht dich stärker und stärker und am Ende bringt es dich dahin, wo alle hinwollen: zu deinem für dich richtigen Weg zum Gipfel deiner Träume, die du zur Realität erweckst. Denn egal wie oft den Bergsteigern das Wetter oder eine andere Unwegsamkeit in die Quere kommt – die, die es wirklich wollen, werden irgendwann in den Genuss des Ausblicks von der Gipfelspitze kommen. Das Gefühl, ganz oben zu stehen, ist eines der mächtigsten Gefühle, die es gibt.

Mein Vorschlag an dich: Wir beginnen wie das oben erwähnte Baby – mit ersten Gehversuchen. Das Ziel ist, dass du als gestandene Persönlichkeit mit starken Muskeln, aber auch mit Narben von Verletzungen am Ende sagen kannst, dass du alles erreicht hast, was du dir für dein Lebensglück vorgenommen hattest. Wenn du auf dein bisheriges Leben zurückblickst, wie ist deine Bilanz? Wo dürfte es noch ein bisschen mehr sein? Bist du noch bei den Gehversuchen oder bereits losgelaufen und zwischendrin wieder gescheitert? Sitzt du gerade vorm nächsten Versuch? Was bräuchtest du zum Wiederaufstehen oder was

Wenn du auf dein bisheriges Leben zurückblickst, wie ist deine Bilanz?

hindert dich, weiter bergauf zu klettern? Welcher Gipfel macht dir Angst und hemmt dich, überhaupt erst loszulaufen? Was begrenzt dich noch oder hast du den Gipfel bereits von deiner Liste gestrichen?

Lass uns den Weg zu deinem Gipfel gemeinsam antreten und lass uns mit den Stretching-Übungen anfangen, denn der Aufstieg wird schmerzhaft – aber die Schmerzen werden dich glücklich machen, denn am Ende blickst du vom Mount Everest hinunter.

Sei du selbst, aber sei die beste Ausgabe deiner selbst, die du sein kannst.

Kapitel 1 – Was wäre, wenn du nichts mehr besitzt?

Gehen wir gleich über zu einem alles beherrschenden Thema: Besitz. Besitz kann vielschichtige Formen annehmen. Du kannst ihn in Form von Vermögenswerten besitzen, beispielsweise in Form von einem Haus, teuren Autos, Aktien, Unternehmensanteilen oder Edelmetallen. Dein Gehalt besitzt du im Idealfall ebenfalls, wenn es auf deinem Konto eingeht und du damit deine laufenden Kosten und deinen Lebensstandard finanzierst. Besitz existiert aber auch noch auf einer immateriellen Ebene. So erwirbst du im Laufe deines Lebens wertvolles Wissen, hast alle möglichen Erfahrungen gemacht, dich weitergebildet, liebenswerte Menschen kennengelernt und dir dadurch eine Schatztruhe an Erinnerungen zugelegt.

Warum also denken die meisten Menschen, wenn sie die Überschrift dieses Kapitels lesen, in erster Linie sofort an das eigene Hab und Gut?

Ich gehe deshalb in diesem Kapitel im Wesentlichen auf den Verlust materiellen Besitzes ein. Was wäre, wenn du deinen Job verlierst? Wenn dein Geld, das du für die Rente angelegt hast, weg ist? Wenn du dein Auto oder dein Haus wegen eines finanziellen Engpasses verkaufen musst? Was wäre, wenn du sozial so abrutschst, dass du dir Luxus wie Restaurantbesuche, neue Kleidung oder Urlaub nicht mehr leisten kannst?

Ich habe die Feststellung gemacht, dass der Wunsch, den eigenen Lebensstandard zu halten, einen nicht nur wahnsinnig unter Druck setzt, sondern in der Regel vor allem unflexibel macht. Schließlich habe ich ständig den Drang, das Geld, das ich so dringend benötige, immer wieder zu verdienen. Ich begebe mich schnell in eine Abhängigkeit, die mich daran hindert, objektive, strategische Entscheidungen zu treffen. Auf einmal kann ich nicht einfach nur, sondern muss bestimmte Einkünfte erzielen. Die Macht des Geldes entfaltet dadurch seine ganze Kraft über unser Leben. Wir müssen eine bestimmte Summe verdienen, um laufende Kosten zu decken und unseren Lebensstandard zu sichern. So oder ähnlich höre ich es auch in vielen Vorstellungsgesprächen. Die Bewerber wollen in der Regel wissen, was sie am Ende eines Monats verdienen. Sie sind in diesem Moment nicht offen für eine viel höhere Gehaltsmöglichkeit, da sie nicht ihren Wert für das Unternehmen verhandeln, sondern ihre Gehaltsvorstellung vielmehr statisch und vorprogrammiert in etwa der Höhe des Gehaltes ihrer letzten Anstellung angeben. Das gewohnte Gehalt, mit dem sie sich bereits Monat für Monat arrangiert haben, hält sie fest im Griff. Bevor diese Menschen ein Risiko eingehen, wodurch sie ihren eigenen Wert erhöhen könnten, gehen sie bei Gehaltsverhandlungen lieber auf Nummer sicher und wählen einen Mittelweg, um den neuen Job auch ja zu bekommen. Viel besser wäre es doch, ihre Kompetenzen hervorzuheben, die für das Unternehmen wertvoll sein könnten, um sich von der Masse abzusetzen und den eigenen Wert zu steigern. Am Ende stehen den meisten Menschen immer die eigenen Ängste im Weg. Es geht immer um die Frage, was wäre, wenn ich meine laufenden Kosten nicht mehr bezahlen kann oder gar noch schlimmer, mein Hab und Gut verliere? Daher messen wir unseren Marktwert häufig an den falschen Eckpfeilern.

Macht des Geldes

Am Ende stehen den meisten Menschen immer die eigenen Ängste im Weg

Ich persönlich habe bereits mehrere große Krisen in meinem Leben durchgestanden und kann heute sagen, dass ich froh bin, diese erlebt zu haben. Sie haben mich stark geprägt und meine Meinung zu Geld und Besitz relativiert. Geld ist ein Tauschmittel und es zu besitzen ist schön, doch finde ich die Erfahrung und das Wissen darum, wie es ist, es nicht zu besitzen, umso wichtiger. Meine erste Erkenntnis hierzu war interessanterweise, dass es mich nicht umgebracht hat und das Leben einfach weiterlief, auch mit sehr wenig Geld. Das ist doch eine beruhigende Einsicht, wenn man bedenkt, wie oft und wie viel Stress wir uns wegen Geld machen.

Meine erste große Krise hatte ich mit 23 Jahren. Ich hatte gerade mit meinem Studium begonnen und arbeitete nebenbei als Kellner in einem Club. Ich fing meistens so gegen 20:00 Uhr an, bereitete alles vor, und um 22:00 Uhr öffneten sich dann die Pforten. Es war dann meist 7:00 Uhr in der Früh, bis ich alle Gäste bedient hatte und aus dem Club kam. Keine Frage, es hat Spaß gemacht, aber die Gastronomie ist trotz allem ein echter Knochenjob.

Eines schönen Freitags hatte ich frei und ein paar Freunde nahmen mich zum ersten Mal mit in eine Spielbank. Mit glänzenden Augen stand ich voller Ehrfurcht vor diesen schicken Menschen, die alle so erfolgreich und vor allem reich aussahen, und mit unzähligen Jetons um sich warfen. Einfach toll, diese Atmosphäre. Ich schaute eine ganze Weile zu und irgendwann packte es mich. Ich holte mir für 50 DM ein paar Jetons und machte mit meinem ersten Kapital den ersten Einsatz.

So schnell konnte ich gar nicht gucken, wie meine Jetons weg waren, und ich dachte mir: Warum gehen die Menschen alle dorthin, wenn sowieso nach kürzester Zeit alles weg ist? Heute weiß ich es natürlich besser. Jeder hofft auf den einen großen Gewinn, obwohl, wie allgemein bekannt ist, die Bank am Ende immer gewinnt. Das ist vermutlich auch einer der Gründe, warum die Casinobesitzer in L.A. alle so prunkvolle Hotels bauen können. Jeder bringt sein Verdientes dorthin, um voller Hoffnung dem Traum der finanziellen Freiheit näherzukommen. Am Ende hat es wieder nicht geklappt und man fährt traurig nach Hause. Es ist erschreckend, dass sich Menschen für eine vermutlich nicht einmal 1%ige Wahrscheinlichkeit so etwas antun. Abgesehen davon kann ich es gut verstehen – denn ich war mal einer von ihnen!

Nach diesem ersten Casinobesuch fuhr ich nach Hause und dachte mir: Geld weg und schlecht gelaunt, das hat sich zu Beginn des Abends beim Betreten des Casinos noch ganz anders angefühlt. Da ich aber alles, was ich tue, gerne akribisch analysiere, habe ich das System Spielbank noch einmal näher unter die Lupe genommen. Es gibt beim Roulette die Möglichkeit, auf Zahl oder auf Farbe zu setzen. Ich habe Letzteres gewählt und beim nächsten Besuch genau beobachtet, welcher Rhythmus dem Ganzen zugrunde liegt. Ich stellte fest, dass eine Farbe in der Regel immer nur 6 bis 7 Mal hintereinander kommt. Also kalkulierte ich und entdeckte, dass ich die Bank überlisten konnte, wenn ich genug Geld dabei hätte, um meinen Einsatz immer zu verdoppeln. Ich packte mein ganzes Geld zusammen und fuhr wieder in die Spielbank. Mein Ziel war es, 7 Mal zu verdoppeln, wenn ich mit einem Einsatz von 5 DM beginnen würde. So stand ich um 15:00 Uhr allein in der Spielbank und setzte meine Jetons. Zu diesem Zeitpunkt dachte ich tatsächlich, dass diese Tätigkeit bald eine gute Alternative zum harten Kellnerjob darstellen könnte. Ich wollte gerne mit weniger Arbeit mehr Geld verdienen und muss zugeben, dass die ersten Wochen super verliefen. Ich bin immer nach der Universität ins Casino gefahren, nahm mir 40 Spielgewinne vor und ging gegen 17:00 Uhr wieder mit 200 DM Gewinn nach Hause. Nach einer Weile dauerte mir das alles zu lange und ich dachte mir, die Farben wechseln schon nach 3, maximal 4 Spielen, sodass ich auf 10 DM pro Spiel gehen kann. Unglücklicherweise klappte auch das regelmäßig, und ich gebe zu, dass ich meinen Kellnerjob immer öfter abgesagt habe, weil ich auf diese Art viel einfacher Geld verdiente und zusätzlich abends mit meinen Freunden ausgehen konnte. Irgendwann kam natürlich der große Gong. Das ist so ziemlich immer dann der Fall, wenn die Gier anfängt, das Gehirn zu zerfressen, und so der Zeitpunkt für eine Lehrstunde der besonderen Art notwendig wird. Ich hatte an diesem schicksalhaften Tag nicht viel Zeit und es sollte der letzte Casinoaufenthalt meines Lebens werden, das hatte ich mir so vorgenommen. Darum wollte oder besser gesagt musste ich in einer Stunde so viel wie mög-

Irgendwann kam natürlich der ganz große Gong

lich verdienen. Mir wurde schnell klar, dass ich an diesem Tag mit dem Einsatz von 10 DM pro Spiel nicht das erwünschte Ergebnis erreichen würde. Also erhöhte ich meinen Einsatz pro Spiel auf 20 DM und ich gewann abermals. Da mein Ziel nach wie vor bei 200 DM Gewinn am Tag stand und die Stunde schon fast vorüber war, überlegte ich erneut und erhöhte wieder. Ich setzte 50 DM pro Spiel – und so kam genau ab dem dritten Spiel 9 Mal die falsche Farbe und ich verlor mein gesamtes Geld.

Ich merkte, dass ich mich sehr von Geld, Besitz und Reichtum abhängig gemacht hatte und gierig geworden war. Diese Gier und Ungeduld hatte mich dazu gebracht, die Kontrolle über meine Handlungen zu verlieren und am Ende mit Anfang 20 das erste Mal pleite zu sein. Ich war natürlich verzweifelt und fassungslos, als ich meine letzten Jetons an der Kasse wechselte. Diese hatten nicht einmal den Wert einer Cola, die 6 DM kostete. Die Heimfahrt an diesem Tag werde ich nie vergessen. Ich war mir selbst peinlich und widerte mich so sehr an, dass ich mit dem Wagen am liebsten gegen einen Baum gefahren wäre. Ich dachte nur noch, mein Leben ist jetzt vorbei, ich bin der größte Dummkopf aller Zeiten und existenziell am Ende. Es war die Hölle, ich war verzweifelt, beschämt und gleichzeitig wütend auf mich selbst. Interessanterweise war ich im Nachhinein nicht wütend darüber, dass ich gespielt hatte, sondern eher, dass ich wegen der paar Gewinne auf einmal so überheblich geworden war. Hatte ich doch allen Ernstes gedacht, ich könnte mit zwei Stunden Spiel im Casino meine vorherige harte Arbeit ersetzen. Ich dachte wirklich, ich könnte die Spielbank überlisten. Heute weiß ich genau, warum 99 Prozent aller Casinobesucher verlieren. Irgendwann siegt einfach die Gier. Ich wollte meine Vortagesgewinne in kürzester Zeit wiederholen, geriet dabei immer tiefer in den Strudel des Müssens und nicht mehr des Könnens, und wollte damit eigentlich meinen Kellnerjob ausgleichen. Nun hatte ich das Problem, dass auch noch das Geld weg war, welches ich doch für ganz andere Dinge gebraucht und extra angespart hatte. Das Elend nahm seinen Lauf.

Im Strudel des Müssens und nicht mehr des Könnens

Weil ich niemandem von diesem Desaster erzählen wollte, fing ich jetzt auch noch an zu lügen.

Doch dieser Misserfolg war mir so peinlich, dass ich ihn nicht auch noch aussprechen und öffentlich dafür geradestehen konnte. In den Monaten davor hingegen, als ich mit dem schnell gewonnenen Geld heimfuhr, konnte ich es kaum erwarten, meinen Freunden von meinen Erfolgen in der Spielbank zu berichten. Zugegebenermaßen war ich dabei ganz schön von mir selbst eingenommen und überheblich. Deshalb konnte ich von dieser Niederlage niemandem erzählen und verarbeitete sie still und heimlich für mich allein. Dazu hatte ich auch ausreichend Zeit. Ich fing wieder an zu kellnern und habe mich die erste Zeit über jede verdiente Mark geärgert, weil ich über die Casino-Erfahrung nicht so schnell hinwegkam, und das hart verdiente Geld mir immer wieder vor Augen führte, wie dumm und arrogant ich doch war. Schließlich arbeitete ich nicht für irgendeinen Luxus, sondern dafür, meine laufenden Kosten zu decken und mein Sparkonto wieder aufzufüllen.

Pleitegehen, um wirklich erfolgreich werden zu können

Diese Lebensphase war für mich eine harte Zeit, und später stellte sich heraus, dass es nicht das einzige Mal sein sollte, völlig bankrott vor dem existenziellen Aus zu stehen. Ich musste lernen, diesen Zustand und die Möglichkeit, alles zu verlieren, auszuhalten. Diese Ängste wünscht man niemandem, aber wenn man den US-Amerikanern Glauben schenken darf, muss wohl jeder Unternehmer mindestens zwei Mal pleitegehen, um wirklich erfolgreich werden zu können.

Das Leben selbst ist der beste Lehrer. Daher möchte ich jetzt die nächste Geschichte zum Thema finanzielle Ängste mit dir teilen. In diesem Fall betraf es nicht nur mich, sondern auch meine Familie, die dieses Erlebnis zumindest emotional noch heute verfolgt. Aus diesem Grund hatte ich im Vorfeld meine Mutter gefragt, ob ich diese doch sehr persönliche Geschichte unserer Familie in mein Buch aufnehmen darf.

Zunächst möchte ich festhalten, dass ich Eltern habe, die großartig sind und die ein Leben lang dafür gekämpft haben, dem Sumpf der Mittelmäßigkeit zu entfliehen, um ans Ufer des überdurchschnittlichen Erfolges zu kommen. Sie haben sich im Laufe ihres Lebens vom Elektriker über den Trucker und von der Kellnerin, Hausfrau und Mutter hin zu erfolgreichen, mittelständischen Unternehmern entwickelt. Meiner Mutter schreibe ich dabei die Hauptrolle zu. Sie war von Anfang an mit ihrer Kreativität und ihrem Weitblick in geschäftlichen Dingen der dominante Part in unserem Elternhaus. So kam es, dass sie in den 90er-Jahren eine Videothek eröffnete. Mit ihrem guten Riecher stiegen meine Eltern zeitgleich in die Sonnenstudiobranche ein und haben dort ebenfalls große Erfolge gefeiert. Ich erinnere mich noch ganz genau, dass mir meine Mutter mit zunehmendem Erfolg auch immer größere Geschenke gemacht hat, woran ich mich schnell gewöhnte. Meine Eltern haben viele Jahre gutes Geld verdient, bis die Sonnenstudios anfingen, immer schlechter zu laufen. Und hier fängt das Problem mit der Macht des schönen Geldes an. Als Kind hatte ich das Gefühl, dass meine Mutter als schlaue Unternehmerin spürt, was zu tun ist, wenn die Umsätze rückläufig werden. Stattdessen gingen wir unseren Gewohnheiten nach und lebten den gleichen Lebensstandard weiter, als wäre nichts gewesen. Wir hatten uns an die ganzen Annehmlichkeiten gewöhnt und haben gar nicht darüber nachgedacht, den Gürtel enger zu schnallen und/oder von unnötigen Gewohnheiten wieder Abstand zu nehmen. Es war viel angenehmer und einfacher, in der Hoffnung zu leben, dass es bald schon wieder bergauf gehen wird.

Wenn wir doch nur ein bisschen mehr Geld hätten!

Wenn ich heute an diese Zeit zurückdenke, verbinde ich mit dem Thema Geld immer eine bestimmte Erinnerung: »Wenn wir doch nur ein bisschen mehr Geld hätten, und wenn wir doch nur eine Filiale mehr hätten.« Schon damals fragte ich mich immer, warum wir ständig Geldsorgen haben. Aus meiner heutigen Sicht würde ich behaupten, es lag unter anderem daran, dass meine Mutter für sich nie das Gefühl hatte, dass es genug sei. Unternehmerisch betrachtet ist das keine schlechte Eigenschaft, weil es Stillstand verhindert und eine permanente Weiterentwicklung fördert. Aber ich hatte das Gefühl, eingeimpft zu bekommen, trotz einem bescheidenen Luxus immer zu wenig zu besitzen. Diese gefühlte Rastlosigkeit, nie erfolgreich (genug) und reich genug zu sein, hat mich stark geprägt. Auch hatte ich in Gegenwart meiner Mutter immer diesen unterschwelligen Druck verspürt, eine ganz besondere Leistung erbringen zu müssen, um ein bisschen Anerkennung zu erhaschen. Der Leistungsdruck, unter den sich meine Mutter permanent setzte, übertrug sich dabei nicht nur auf uns Familienmitglieder, sondern auch auf die Mitarbeiter. Wenn etwas nie gut genug ist, ein erreichter Erfolg nie lobenswert und die Ziele immer größer werden, kann man daran mit der Zeit nur zerbrechen.

So investierte meine Mutter viel Zeit und Kraft in die Expansion ihres Unternehmens, ohne damit irgendwie zufriedener zu werden. Ich kann gut nachvollziehen, was dazu führt, dass man sich auf einmal wie in einem Hamsterrad fühlt. Zusätzlich verleiten diese ständige Anspannung und der Leistungsdruck einen schnell dazu, sich dann und wann etwas gönnen zu wollen. Ich bin heute 35 Jahre alt, meine Eltern waren zum damaligen Zeitpunkt Anfang und Mitte vierzig, da denkt man sicherlich nicht immer darüber nach, dass man auch mal 60 Kerzen auf der Torte hat und Geld für die Rente zurücklegen muss. Aber wie ich es drehe und wende, ich denke, dass wir immer über unsere Verhältnisse gelebt haben, weil wir beständig die Hoffnung hatten, es wird schon wieder genug Geld reinkommen. Das hat uns letztendlich unter anderem auch das Genick gebrochen, als 2003 der Jahrhundertsommer kam. Die Sonnenstudiobranche war bereits seit Jahren rückläufig. Und dann das. Von März bis September, ganze 8 Monate, knallte die Sonne über Deutschland und weder ein Wölkchen noch ein Regentropfen waren weit und breit in Sicht. Welcher Unternehmer kann bei acht von zwölf Monaten eines Geschäftsjahres ohne Umsatz überleben?

In diesem Jahr hat meine Mutter ihr ganzes unternehmerisches Selbstvertrauen verloren. Sie kam eines Tages zu mir, um mir mitzuteilen, dass wir finanziell nicht nur den Gürtel enger schnallen müssen, sondern vielmehr vor dem Aus stehen. Auch wenn ich parallel kellnerte, hatte ich während meines Studiums immer noch Unterstützung durch meine Eltern erfahren. Selbst während ich diese Zeilen schreibe, wird mir ganz flau im Magen. Das war alles andere als einfach für sie. Ich kann mich noch sehr genau daran erinnern, als wir im Juni alle gemeinsam am Küchentisch saßen und keiner mehr Hoffnung hatte, dass es je besser wird. Daraufhin folgten noch einige Sommermonate bis Ende September. Die Banken machten bereits wahnsinnigen Druck, die Dispokredite waren völlig überzogen und der letzte Spargroschen war ebenfalls aufgebraucht. Geld ist und bleibt wohl auch für die nächste Zeit das wichtigste Tauschmittel, und der Umgang damit will gelernt sein, aber ganz besonders die Gewöhnung daran und noch viel mehr die Abhängigkeit davon ist echtes Gift.

Wenn ich zurückblicke und insbesondere an das Verhältnis zu meiner Mutter denke, war diese Situation völlig neu für mich und ich hatte meine auf Leistung orientierte Mutter noch nie so authentisch gesehen. Ich glaube, in dieser Zeit war sie mir am sympathischsten denn je und ich habe mich ihr sehr nahe gefühlt, weil sie schließlich ein Mensch mit Fehlern, Ängsten und Sorgen war, wie viele Menschen – und wie ich auch. Sie konnte mir keine teuren, großen Geschenke mehr machen, um ihre Zuneigung auszudrücken, sie war stattdessen einfach für mich da. Diese Momente waren wunderbar, wir waren ein Team, standen zueinander, waren auf Augenhöhe und durften die Nerven nicht verlieren, weil das Ganze noch nicht ausgestanden war. Am Ende ging es doch um unser Haus, das wir selbst gebaut hatten und in dem ich mein ganzes bisheriges Leben verbracht habe.

Als alles raus war, indem meine Mutter uns die Situation beschrieben hatte, war es so, als hätte sich eine große graue Wolke der Anspannung auf einmal verzogen. Es war ausgesprochen, jeder wusste was los ist und es gab keine Streitereien mehr wegen Geld. Dies war für mich wie eine Befreiung und für meine Mutter eine wahnsinnige Erleichterung. Sie musste sich nicht mehr allein den Kopf zerbrechen und alle Last nur auf ihren Schultern tragen. Sie musste auch nicht mehr das Image der erfolgreichen Unternehmerin nach außen spielen, sie konnte nun einfach sein, wie sie ist. Ein Mensch mit Höhen und Tiefen.

Rücklagen für eventuell schlechte Zeiten und ausreichend Liquidität

Aus unternehmerischer Sicht betrachtet war die ganze Situation absolut vorhersehbar. Genauso wichtig wie Investitionen, die ich tätige, sind Rücklagen für eventuell schlechte Zeiten und ausreichend Liquidität, um für kommende Impulse und neue Ideen flexibel zu bleiben. Meine Eltern haben schlichtweg die Zeichen der Zeit ignoriert. Als die Sonnenstudiobranche bereits schlechtere Ergebnisse einfuhr, hätten sie einlenken müssen. In der damaligen Situation Rücklagen zu bilden, war nicht mehr möglich. Dies hätte unzweifelhaft in den guten Jahren geschehen müssen. Ist es aber nicht. In diesem Fall wurden mehrere fatale Fehler begangen. Erstens wurden keine Rücklagen gebildet, mit denen man so früh wie möglich beginnen sollte. Zweitens wurden aus den rückläufigen Umsätzen keine Konsequenzen gezogen, die Ausgaben blieben konstant hoch, während die Einnahmen kontinuierlich zurückgingen. Und drittens wurde in keine neuen Geschäftsfelder investiert, gleichzeitig wurde der Markt nicht beobachtet. Wir hätten uns viel Ärger und Stress ersparen können, wenn wir uns frühzeitig zusammengerissen und besser mit dem bereits Verdienten gehaushaltet hätten. Da wir das leider versäumt haben, musste ich mir mein Studium durch meine Kellnertätigkeit allein finanzieren. Zwar versprach mir meine Mutter voller Demut, dass sie alles wieder gutmachen und auf jeden Fall das nötige Geld aufbringen würde, um mich zu unterstützen. Aber mich dieser Hoffnung hingeben und tatenlos darauf warten, dass es besser läuft, wollte ich natürlich nicht. Bei meiner Mutter habe ich das Gefühl, dass sie die Situation nicht wirklich überwunden und zu ihrem alten Selbstbewusstsein zurückgefunden hat. Sie ist seitdem ein gebrochener Mensch und hat jetzt große Ängste vor Investitionen aufgebaut, was ich sehr schade finde, weil sie eine Top-Verkäuferin mit einem riesigen Unternehmerherz war.

Ich weiß nicht, ob es dir auch manchmal so geht, dass du mehr darstellen möchtest, als du bist oder als du sein kannst. Ich habe die Erfahrung gemacht, dass ich keine Fassade aufrechterhalten muss, wenn ich zu meinen Fehlern genauso wie zu meinen Erfolgen stehe. Es ist nicht einfach, immer ehrlich zu sich selbst und seiner Umwelt zu sein, aber ich weiß jetzt, dass nur dieser Weg die erforderliche innere Reife und Zufriedenheit bringt, die einen gerade in schlechten Zeiten rettet. Gerade in schwierigen Lebensphasen ist es wichtig, ehrliche Menschen um sich zu haben, auf deren Freundschaft man sich verlassen kann. Und so wie es in vielen Bereichen im Leben ist, müssen auch Freundschaften und Beziehungen gepflegt werden. Ich teile nicht nur meine Erfolge mit ihnen, sondern auch meine Ängste und Sorgen. Dadurch entsteht die Sicherheit für mich, Menschen in meinem Umfeld zu haben, die mich und meine Meinung schätzen und zu mir stehen, weil ich einfach JENS bin.

Auch Freundschaften und Beziehungen müssen gepflegt werden

Im Nachhinein ist es immer einfacher, Ratschläge zu geben. Meine Eltern hatten es sicherlich nicht geplant, pleitezugehen und keinen Erfolg zu haben. Ich hätte mir nur gewünscht, dass sie vorher die Reißleine gezogen, uns aufgeklärt und die unnötigen Kosten reduziert hätten. Wir hätten mit weniger, aber immer noch genug, wunderbar leben können. Auch dem Selbstwertgefühl meiner Mutter hätte das sicherlich gut getan; sie wäre gerutscht, aber hätte sich möglicherweise in einem neuen Geschäftsfeld wieder gefangen und wäre nicht gefallen.

Nun habe ich selbst seit einigen Jahren eine Firma aufgebaut und immer wieder darin investiert. Auch gehe ich regelmäßig unternehmerisches Risiko ein und habe dabei ebenso Fehlinvestitionen getätigt. Bislang sind alle Fehler so verlaufen, dass ich dabei nicht untergegangen bin und das war aus meiner Sicht nicht immer nur Glück. Dazu beigetragen haben unzweifelhaft meine Erfahrungen aus der Vergangenheit, die mich tief geprägt haben. Es gibt kein Rezept dafür, ein Leben lang sicher, glücklich und mit ausreichend Geld zu leben. Viel einfacher ist dagegen, sich immer wieder damit zu beschäftigen, wie es wäre, nichts mehr zu haben. Ich versuche stets so zu investieren, dass es mir keine schlaflosen Nächte bereitet. Das ist es nicht wert. Ich sorge lieber ein bisschen vor, gedanklich wie materiell. Mein Leben ist so gestaltet, dass ich mich an meiner Karriere und meinem Vermögen erfreuen kann. Ich schätze es aber nicht, über meine Verhältnisse zu leben, weil ich weder abhängig sein möchte, noch etwas machen muss, obwohl ich es aus meinem Bauchgefühl heraus nicht machen will. Bei jeder Investition versuche ich mindestens 20 Prozent zur Seite zu legen, um mir so die Freiheit zu verschaffen, auch mal ein bis zwei Jahre ohne Einkünfte leben zu können. Das gibt mir Sicherheit und schont selbst in kritischen Zeiten meine Nerven.

Ich gebe zu, dass ich trotz meiner Glücksspielerfahrung und meiner Familiengeschichte bei unternehmerischen Angelegenheiten immer mal wieder ungeduldig und gierig werde. In diesen Momenten betritt mein geschätzter Kollege und Freund Mathias die Bildfläche. Mathias ist ebenfalls durch eine harte Schule gegangen, hat seine Erfahrungen gemacht und ist mir dabei ein gutes Stück voraus. In seinen guten Zeiten schwelgte er im Luxus, liebte das Zurschautragen jeglicher Statussymbole, hatte einen Chauffeur und 3 Sekretärinnen – bis er alles verlor. Wenn ich also zu viele Dinge auf einmal machen möchte und mit dem erreichten Status quo unzufrieden werde, zeigt mir Mathias auf, wie gut es mir eigentlich geht und dass ich auch mal nach unten und nicht nur nach oben schauen sollte. Er holt mich zurück auf den Boden der Tatsachen. Sein gelebter Erfahrungsschatz und die dadurch erlangte Ausgeglichenheit bewahrt mich nicht nur davor, übermütig zu werden, sondern auch davor, zu schnell zu viel zu wollen. Ich gerate weniger in die Situation, unter Druck ein bestimmtes Ergebnis erreichen zu müssen.

Hier schließt sich nun der Kreis, der mit der Casinogeschichte angefangen hat. Ich weiß, dass ich mir mit Geld als Tauschmittel alle Wünsche erfüllen kann, die mir ein Gefühl der Befriedigung schenken können. Genauso weiß ich aber auch, dass das Geld in der gleichen Geschwindigkeit, wie es gekommen ist, wieder weg sein kann. Such dir daher etwas Beständigeres als Anker und verlass dich in erster Linie auf dich selbst. Bau dir ein gesundes Selbstwertgefühl auf, das dich auffängt, wenn es einmal nicht so läuft wie gedacht. Prüfe vielmehr, ob du die Dinge, die du im Leben als absolut erforderlich ansiehst, überhaupt brauchst. Ich weiß, dass man, wenn es sein muss, mit sehr viel weniger auskommen kann und trotzdem glücklich ist. Wichtig ist doch der Betrachtungswinkel, den bei mir zum Beispiel Mathias wieder berichtigt, wenn es erforderlich scheint. Statussymbole und Persönlichkeitsprothesen, wie ich sie gerne nenne, helfen dir nur scheinbar dabei, dich besser zu fühlen. Einfacher ist es jedoch, wenn du authentisch und ehrlich bist. In dem Fall kannst du dir sicher sein, dass du Menschen um dich hast, die dich als Menschen schätzen, ohne dass du Einfluss, Geld oder Macht zur Schau tragen musst.

Wachstum sollte nicht zum Zwang werden, denn genau dann werden wir erpressbar

Selbstverständlich kannst du nun sagen: »Das ist alles schön und gut, aber …« Ich gebe zu, dass der Mensch dazu da ist, sich permanent weiterzuentwickeln, wir wollen höher, schneller, besser und größer werden. Dieser Antrieb ist, denke ich, natürlich, und hier ist es nun unsere Aufgabe, das richtige Maß zu finden. Wachstum sollte nicht zum Zwang werden, denn genau dann werden wir erpressbar und geraten unter Druck. Solchen Zwang habe ich im Casino durchlebt und auch meine Eltern haben sich dem lange unterworfen. Durch Geld waren wir erpressbar. Wir hatten eigentlich genug, aber unsere Befürchtung, unseren Lebensstandard, an den wir uns schon gewöhnt hatten, wieder aufgeben zu müssen, versetzte uns in Panik. Wir hatten uns abhängig gemacht.

Keiner sollte Angst davor haben, alles zu verlieren, weil in der Regel genau dieser Zustand früher oder später eintritt. Viel besser ist es doch zu wissen, was man benötigt, um ein glückliches und erfülltes Leben zu führen – mal mit mehr Geld und mal mit weniger. In guten Phasen legt man ein bisschen zur Seite und kann dadurch entspannt nach vorn blicken. Es ist deine Einstellung, die am Ende darüber entscheidet, ob du viel, wenig oder gar nichts besitzt, denn am Ende besitzt du eigentlich nur dein Selbstwertgefühl.

Kapitel 2 – Perfektionismus – wenn du kein Perfektionist wärst, wäre dann alles perfekt?

Eines Tages wurde ich zu einem Teamgespräch in eine meiner hairfree-Filialen gebeten. Es ging um das Thema Betriebsklima. Die Mitarbeiterinnen in diesem Team waren nicht glücklich mit ihrer Geschäftsführerin. Den Ausführungen zufolge kippte regelmäßig die Stimmung, sobald sie das Ladengeschäft betrat. Die Mitarbeiterinnen gewannen durch die Anwesenheit der Chefin regelmäßig den Eindruck, dass sie nicht motiviert oder engagiert genug waren und es im Ergebnis unerheblich war, wie sehr sie sich bemühten, es wäre nie genug.

Nun war auch die besagte Geschäftsführerin in diesem Training und ich konnte beobachten, wie sie unruhig auf ihrem Stuhl hin und her rutschte und es kaum erwarten konnte, zu Wort zu kommen. Wie zu erwarten, fing auch sie an, sich emotional Luft zu machen. Sie möchte alles perfekt machen und das sei eben ihr persönlicher Anspruch! Darüber hinaus sei es an der Zeit, dass die Motivation im Team endlich zur Sprache kommt. Schließlich sei sie diejenige, die sich Sorgen machen und schlecht fühlen dürfe. Mit einem derart unmotivierten Team könne sie ihre Ziele nicht erreichen. Sie sei diejenige, die am Ende von der Zentrale zur Verantwortung gezogen wird, wenn die Zahlen nicht stimmen. Also arbeite sie ständig mehr, um die vermeintlichen Fehler der Kolleginnen auszubügeln, springe immer ein, wenn Not am Mann ist, und führe am Ende des Monats immer die erforderlichen Verkaufsgespräche, die ohne ihren Einsatz nicht abgeschlossen werden würden.

Es war klar, dass in so einer Atmosphäre, in der enttäuschte Erwartungen und emotionale Vorwürfe im Raum standen, keine Lösungsvorschläge erkannt oder gemacht werden konnten. Die Damen schlugen leidenschaftlich um sich und jede war darauf bedacht, ihre Ansicht zu verteidigen. Das erwünschte Ergebnis, eine für alle annehmbare Lösung herbeizuführen, rückte dabei in weite Ferne. Die versuchte klärende Kommunikation war in diesem Fall der Schlüssel zur Explosion. Eine ungute Situation und ich befand mich mittendrin. Als Geschäftsführer der Unternehmensgruppe werde ich nur in Notfällen gerufen. Ich war nun als Schiedsrichter vor Ort und musste die verhärteten Fronten wieder aufweichen und eine Lösung finden. Im ersten Moment war ich zugegebenermaßen ziemlich genervt, einem Kasperle-Theater erwachsener Menschen beiwohnen und das auch noch klären zu müssen. Natürlich wusste ich, dass ich weniger Umsatz mache, wenn die Mitarbeiter nicht glücklich sind, sich nicht verstehen und ein schlechtes Betriebsklima herrschte. Also haue ich auf den Tisch und sorge für Ruhe. Als hierarchisch Übergeordneter konnte ich mir das erlauben. Nachdem ich klare Dienstanweisungen gegeben und damit eine schnelle Lösung herbeigeführt hatte, lief es ein bis zwei Monate wieder gut.

Enttäuschte Erwartungen und Vorwürfe

Was an diesem Tag anders war im Vergleich zu den sonstigen Notfallsituationen, kann ich gar nicht sagen, aber bei mir hatte es klick gemacht. Auf einmal erkannte ich mich in der Geschäftsführerin dieses Teams wieder! Gestresst sein, eine stetige Unruhe und Rastlosigkeit ausstrahlen und unbedingt alles perfekt machen wollen, das war mir alles sehr vertraut. Es ist auch klar, dass die Gegenwart eines solchen Menschen andere in Bedrängnis bringt und das Betriebsklima abtötet oder zumindest negativ beeinträchtigt. Die Mitarbeiterinnen in diesem Team einschließlich der Geschäftsführerin hatten letztendlich alle das gleiche Ziel: Spaß bei der Arbeit haben, hin und wieder mal ein Lob für gute Arbeit bekommen, erfolgreich sein, gute Ergebnisse erzielen und sich weitere Ziele für die nächsten Jahre stecken.

Was also genau hatte es mit diesem Anspruch auf Perfektion auf sich? Warum geraten Menschen in diesen Strudel, alles immer noch besser machen zu wollen? Ich ging gedanklich zurück in meinem eigenen Leben. Mit wachsendem Selbstvertrauen und den ersten Erfolgen als Unternehmer spürte ich langsam immer mehr den zaghaften inneren Druck, besser und erfolgreicher werden zu wollen. Ich hatte meinen Weg gefunden und wollte diesen so schnell wie möglich in die Tat umsetzen. Mehr Filialen, mehr Umsatz, schneller expandieren. Wohin ich auch schaute, sah ich Möglichkeiten, und war getrieben davon, schneller und besser zu sein und mehr zu machen – es sollte alles perfekt werden. Es gab nur ein Problem an der ganzen Sache. Diese Fülle an Möglichkeiten hatte ein Eigenleben entwickelt und mich ganz in seinen Bann gezogen. Eine innere Stimme in mir war nie zufrieden: »Jens, du bist zu langsam! Jens, du bist mit dem bisschen Erfolg nur mittelmäßig! Jens, du bist ein Versager, wenn du es nicht schaffst, schneller zu expandieren!« Komische Situation, denn ich war von außen betrachtet durchaus erfolgreich. Ich stand zudem als Coach auf der Bühne und erklärte anderen, was Erfolg bedeutet und wie sie sich verbessern konnten. Es existierten bereits zahlreiche hairfree-Filialen und ich war als Chef der übergeordnete Entscheider für alles. Aber diese beständig anhaltende, innere Unruhe machte mich zu einem Getriebenen. Ich hatte vom Erfolg gekostet und wollte von allem noch mehr, um noch mehr Macht zu haben, als ich eigentlich schon hatte. Ich war zerfressen von Ehrgeiz und wurde zu einem immer größeren Kontrollfreak. Keiner konnte es mir recht machen, keiner konnte meinen Ansprüchen genügen und so kam es in fast jedem Mitarbeitermeeting zu Vorwürfen und Auseinandersetzungen. Ständig war ich unzufrieden und launisch, weil ich das Gefühl hatte, dass mein Umfeld zu langsam und behäbig war und mich am Erreichen größerer Erfolge hinderte. Meine Unzufriedenheit nahm mich völlig ein und so arbeitete ich von früh morgens bis spät in die Nacht, vernachlässigte meine Freunde und hatte auch ansonsten kein Privatleben mehr. Ich war nur noch besessen von dem Ziel, noch mehr Filialen, noch mehr Umsatz und

Eine innere Stimme in mir war nie zufrieden

noch mehr Erfolg zu haben. Mein Perfektionismus hatte ein regelrechtes Eigenleben entwickelt. Natürlich war zu dem Zeitpunkt das Betriebsklima schon lange nicht mehr, was es einmal war und ich saß völlig beratungsresistent wie ein Kaiser auf seinem Thron und verschloss die Augen vor den aufkommenden Unruhen. Dieser innere Wunsch nach mehr Macht kontrollierte mich und hatte mich bereits über Jahre hinweg fest im Griff. Eigentlich wollte ich als Kontrollfreak alles im Griff haben, aber mit Abstand betrachtet war genau das Gegenteil der Fall. Nicht ich hatte die Kontrolle in der Firma, sondern die Firma hatte Kontrolle über mich!

Mein Perfektionismus hatte ein regelrechtes Eigenleben entwickelt

In dieser Zeit kam eines Tages meine geschätzte Kollegin Elfi auf mich zu und bat mich um ein Gespräch. Schonungslos sagte sie mir auf den Kopf zu, dass sie mich so, wie ich jetzt bin, nicht mehr ertragen könne. Ich müsse aufpassen und unbedingt etwas an meinem Verhalten ändern, wenn ich nicht alles wieder verlieren wolle. Im ersten Moment dachte ich nur: »Ich, der Jens, soll etwas ändern – die spinnen doch wohl!« Unglücklicherweise hatte sie Recht – oder sollte ich besser sagen, Gott sei Dank hatte sich jemand getraut, mir offen ins Gesicht zu sagen: Da stimmt was nicht mit dir, du musst was ändern! Elfie war im Grunde meine Rettung. Anfangs konnte ich ihr gar nicht richtig zuhören. Wie durch einen Nebel sickerten Bruchstücke zu mir durch. »Du steuerst auf einen totalen Kontrollverlust zu und wirst tief fallen, wenn du nicht aufpasst.« Ich dachte: »Was will sie eigentlich von mir?« Ich belächelte sie zuerst. Erst als es dunkel wurde, es Abend war und ich allein im Büro saß und mich mal wieder selbst bemitleidete, weil ich doch der einzig motivierte im ganzen Unternehmen war, der immer länger blieb als alle anderen, kam ich langsam zur Besinnung. Ich ging auf die Suche und wollte wissen, was mit mir los war. Es hat nicht lange gedauert und ich stolperte über das Burnout-Syndrom. Als ein Mensch mit einem ausgeprägten Drang zum Perfektionismus war ich besonders gefährdet. Kurze Zeit später fand ich im Internet die Möglichkeit, einen Selbsttest zu machen. Bingo, mein Ergebnis brachte 99 von

100 Punkten für ein Resultat, dass du dir vermutlich vorstellen kannst.

Es war alles ziemlich klar. Ich hatte einen ausgesprochenen Drang, mir etwas beweisen zu müssen und vernachlässigte schon seit Längerem völlig alle anderen persönlichen Bedürfnisse und sozialen Kontakte. Auch dass ich Elfi gegenüber erst einmal alles leugnete und sie dafür eher noch geringschätzte, waren Anzeichen für ein Burnout. Aufgehorcht habe ich schließlich vor allem, als es hieß, dass es zu einem Leistungsabfall kommt. Das wollte ich mir zwar nicht zugestehen, aber ich konnte es nicht bestreiten: Ich war einfach völlig erschöpft und stand ganz offensichtlich kurz vor dem Kollaps. Es gab kein Entrinnen mehr, ich musste den Tatsachen ins Auge sehen. Wenn ich nicht gewissermaßen von der Bühne des glanzvollen Unternehmers und Coaches fallen und alles wieder verlieren wollte, was ich mir aufgebaut hatte, musste in der Tat etwas passieren. Mit meiner Retterin Elfi hatte ich sogar eine Leidensgenossin an meiner Seite. Sie hatte die Erfahrung eines Burnouts bereits Jahre zuvor am eigenen Leib erfahren. Bevor sie zu uns kam, hat sie in einem Konzern gearbeitet. Mit ihrer Entscheidung, in ein kleineres Unternehmen zu wechseln, wollte sie gerade diese Gefahr meiden und traf dabei ausgerechnet auf mich! Sie öffnete mir mit ihrer direkten Ansage die Augen und traf mich an einem sensiblen Punkt, denn wer will schon alles, was er sich aufgebaut hat, wieder verlieren? Nun begann die wirkliche Arbeit. Ich war bereit, an meiner Persönlichkeit zu arbeiten. Elfi hatte den Stein ins Rollen gebracht und ich wollte nun dranbleiben.

Ungeduldige Menschen sind im Hier und Jetzt unzufrieden

Was hat es also mit diesem Anspruch auf Perfektionismus auf sich und was bedeutet es? Ein gestresstes Verhalten deutet ganz stark auf Ungeduld hin. Ungeduldige Menschen sind im Hier und Jetzt unzufrieden und sehen erreichte Erfolge nur als Zwischenlösungen auf dem Weg zum nächstgrößeren Ziel an. Häufig zeichnen sie sich durch Multitasking aus, weil es so viel zu erledigen und zu tun gibt, dass sie nie Zeit haben. Begleitet wird das Ganze von einer inneren Rastlosigkeit – man ist nie zufrieden mit dem Istzustand und wünscht sich gerne gleich mehrere Schritte weiter. Hinzu kommen bei diesen Eigenschaften natürlich hohe persönliche Ansprüche. Ich möchte an dieser Stelle gleich anmerken, dass hohe Ansprüche an sich nicht verwerflich sind. Wenn ich also diese hohen Ansprüche habe, ist es klar, dass ich sehr gut organisiert bin, alles versuche richtig zu machen, und wenn mir doch mal ein Fehler unterläuft, versuche ich ihn so schnell wie möglich zu korrigieren. Es kommt zu akribischen Verhaltensweisen mit unendlichen Prinzipien und noch mehr Kontrolle, um ja nie in die Situation zu kommen, kritisiert zu werden. Hier sind wir bei einem weiteren wichtigen Punkt: Kritikfähig sind Perfektionisten eher weniger, wenn nicht sogar gar nicht. Schließlich will man den Eindruck erwecken, dass alles perfekt sei und an einem perfekten Verhalten kann niemand etwas aussetzen.

An einem perfekten Verhalten kann niemand etwas aussetzen

Am Beispiel meiner Geschäftsführerin offenbarte sich für mich dieses Bild, das ich einige Zeit zuvor an mir festgestellt hatte, erneut. Die Kolleginnen konnten sie keineswegs aufgrund ihrer Arbeit kritisieren, diesbezüglich war sie makellos. Mehr noch, sie war zusätzlich für die anderen eingesprungen, wenn der Umsatz erforderlich war. Sie hatte die Kolleginnen dadurch gewissermaßen in der Hand. Kein Wunder also, dass es in der Auseinandersetzung emotional hoch hergehen musste. Wenn stichhaltige Beweise oder nachvollziehbare Argumente nicht greifbar sind, müssen eben die Gefühle sprechen.

In der Personalführung führe ich zur Problemlösung gerne bildhafte Beispiele heran, mit denen jeder schnell die Problematik auf einfachem Wege erfassen kann. Wenn ich Konflikte zwischen Chefs und Mitarbeitern analysiere, präsentiere ich zunächst immer die Geschichte von der Schafherde, um den Beteiligten auf leichte Weise klar zu machen, wie deren Verhaltensstruktur aufgebaut ist.

Eine Schafherde ist dazu da, um als Gruppe viel Wolle zu produzieren. Der Hirte ist der Anführer und es gibt auch noch eine Gruppe von Leitschafen, die neben dem Schäferhund die engste Beziehung mit dem Hirten pflegen. Jedes Gruppenmitglied hat seine festen Aufgaben. Der Hirte als Oberhaupt führt die Schafe. Er weiß genau, wo es langgeht, und die Herde folgt ihm vertrauensvoll. Für die nicht so Mutigen oder auch die schwarzen Schafe, die ich zudem als die Illoyalen bezeichnen möchte, muss ab und an eine dominantere Gangart der Führung folgen. Das ist in dem Fall die Arbeit des Schäferhundes.

Führungspersonen und Chefs in unserer Arbeitswelt sollten als Hirte tätig sein. Das Problem bei meiner Geschäftsführerin war jedoch, dass sie fast ausschließlich als Schäferhund unterwegs war – oder aber als Hirte, der sich nicht um die Schafe kümmerte und zu weit weg von der Herde lief. Es fehlte schlichtweg die Verbindung zur Gruppe. Beide Situationen verursachen einen Vertrauensverlust und erhöhen das Gefühl der Unsicherheit und Ziellosigkeit. Meine Geschäftsführerin hatte streng genommen nur sich selbst und ihre eigene Bedürfnisbefriedigung im Blick. Durch ihren Tunnelblick rückten die eigenen Bedürfnisse so stark in den Vordergrund, dass sie schlichtweg vergaß, ihre Zuarbeiter, nämlich die Schafherde mit zu den saftigen Weidegründen zu nehmen. Aus ihrer Sicht lief die Gruppe natürlich viel zu langsam und unkonzentriert, aber umgekehrt, aus Sicht der Gruppe, stellte sich das Problem eben ganz anders dar. Das Argument meiner Geschäftsführerin, sie trage die Verantwortung und müsse vor der Zentrale Rechenschaft ablegen, wenn die Zahlen nicht stimmen, zog insofern nicht, weil auch die anderen Verantwortung trugen. Die anderen nahmen sie nur nicht wahr. In dieser Filiale gab es also keinen Hirten, alle Beteiligten irrten ziellos umeinander, und daher kamen auch die Schwierigkeiten.

Mir wurde ganz anders, als ich darüber nachdachte, was ich in der Vergangenheit schon alles falsch gemacht hatte. Seit dem Gespräch mit Elfi und dem Beginn meiner Entwicklung zum guten Hirten hatte ich eine Art Frühwarnsystem entwickelt. Dieses warnte mich nun immer rechtzeitig, wenn ich zum Schäferhund wurde oder als Hirte zu schnell lief und auf einmal mein Verbindungsband zur Herde verlor. In dieser Situation erkannte ich den rastlosen Perfektionisten in meiner Geschäftsführerin, die kurz davor war, ihre Herde zu verlieren. Ich erinnerte mich noch ganz genau, dass ich, bevor ich das Frühwarnsystem entwickelt hatte, nach dem Gespräch mit Elfi erst einmal in ein Loch fiel. Sie hatte zwar Recht mit dem, was sie sagte, doch diese Erkenntnis war noch keine Lösung. Vielmehr lag die Lösung wie immer auf einem hohen Berg, der von mir zunächst bestiegen werden wollte.

Alle möglichen Situationen, Gefühle, Gespräche und Erfahrungen der letzten Jahre kamen auf einmal in mir hoch und ich hatte keine Ahnung, was ich zuerst verarbeiten sollte. Aber ohne schmerzhafte Erlebnisse kommt auch keine Motivation, etwas zu ändern. Das ist leider nicht zu umgehen.

Vom gehänselten Opfer zum dominanten Macher

Bei der Reflexion meines Perfektionismus-Themas bin ich schnell aus der Gegenwart in der Vergangenheit, genaugenommen in meiner Kindheit, angekommen. Wo sonst können wir herausfinden, welche Prägungen uns anhaften? Wenn ich an diese Zeit zurückdenke, kommt sofort das Gefühl in mir hoch, wie sehr ich doch von der Außenwelt abgelehnt wurde. Das hatte mich wahnsinnig geprägt. Ich war ein Junge und wurde als Kind oft für ein Mädchen gehalten; natürlich wurde ich aufgrund dieser Andersartigkeit permanent gehänselt. Die Schulzeit war deswegen fast unerträglich. Dadurch, dass ich irgendwie anders war, wurde ich als Außenseiter abgestempelt. Kinder können verdammt grausam sein. Ich wollte einfach dazugehören, ein normaler Freund und Klassenkamerad sein, wie alle anderen auch! Ich setzte mir als Kind das Ziel, einem möglichst perfekten Menschen zu entsprechen, und dieser Wunsch wurde immer stärker.

Aus der heutigen Sicht kann ich, aufgrund der Entstehungsgeschichte, meinen eigenen Anspruch auf Perfektion sehr gut nachvollziehen – vom gehänselten Opfer zum dominanten Macher. Ich muss ganz ehrlich sagen, ich bin froh, dass ich zunächst einmal diesen Weg eingeschlagen habe. Viele Menschen bekommen Depressionen oder verzweifeln an diesen Zurückweisungen, ich Gott sei Dank nicht.

Wenn ich so zurückdenke, wundert es mich nicht, dass ich in 80 Prozent der Fälle weder respektvoll noch wertschätzend mit anderen umgegangen bin. Auch war ich nicht transparent in meinen Handlungen. Ich versuchte vielmehr immer perfekt dazustehen, um möglichst unnahbar zu sein, um meiner »Schafherde« gegenüber nicht den Eindruck zu erwecken, dass ich unsicher war oder Angst hatte. Denn seien wir mal ehrlich: Wer kuscht schon vor einem Schäferhund, der zugibt, dass er auch mal schwach und verängstigt ist? Also lieber Zähne fletschen und laut bellen.

Dieses Verhalten äußerte sich bei mir nicht nur durch Härte, ich ging noch weiter, ich wollte bei den anderen Schuldgefühle hervorrufen. Schließlich war ich immer am längsten im Büro und machte nie Urlaub, um meinem Wunschziel eines perfekten Vorbildes zu entsprechen. Loben war für mich ein Fremdwort, stattdessen forderte ich immer mehr Überstunden ein und meckerte noch zusätzlich, weil ich der Meinung war, dass alle außer mir unmotiviert waren. Wenn jemand im Urlaub nicht erreichbar war oder auf Mails nicht umgehend antwortete, machte mich das schon zornig. Letztlich konnte ich nicht in gewünschter Schnelligkeit meine rastlosen und ungeduldigen Bedürfnisse befriedigen.

Elfis Anstoß warf mich nicht nur zurück zu den Ursprüngen, sondern half mir auch bei der wichtigsten Erkenntnis: Meine innere Stütze, immer knallhart, allem überlegen, selbstkritisch und unzufrieden an mir arbeiten zu müssen, auf die ich mich seit fast zwei Jahrzehnten verlassen hatte, war offensichtlich eine Falle. Sie hatte mir weder dabei geholfen, ein selbstbewussterer Mensch zu werden, noch hat sie mir ein Bewusstsein für meine Umwelt geschenkt. Stattdessen wurde ich von ihr regelrecht fertiggemacht, weil ihr nie etwas gut genug war, um endlich perfekt zu sein. Diese kindliche Vorstellung mag vordergründig in jungen Jahren eine Stütze gewesen sein, aber bis zum Zeitpunkt meines Beinahe-Burnouts hatte ich nicht erkannt, dass hier eigentlich mein Ego am Werk war. Ich lechzte nach Anerkennung von außen, um mich innerlich gut zu fühlen. Ich war abhängig von Erfolg und Macht und wenn meine Herde nicht funktionierte, hatte ich Verlustängste und brachte das in Verhaltensweisen eines Schäferhundes zum Ausdruck.

Nach der ersten Schockstarre begann ich langsam, mein Leben zu entschleunigen. Ich musste anfangen, mich ehrlich und transparent mit all meinen Ängsten und Schwächen auseinanderzusetzen. Ich musste zugeben, dass auch ich nur ein Mensch war und auch ich viele Fehler machte. Ich musste bereit sein, authentisch und fair mit meiner Umwelt umzugehen. Das war nicht ohne und erforderte einiges an Arbeit an mir selbst.

Ich musste zugeben, dass auch ich nur ein Mensch war und viele Fehler machte

Ähnlich wie bei mir gab es vordergründig auch bei meiner Geschäftsführerin Eigenschaften, die bewundernswert sind. Die Kolleginnen konnten sich glücklich schätzen, eine Chefin zu haben, die Verantwortung übernahm und einsprang, wenn es nicht gut lief. Sie zeigte vollen Einsatz von früh bis spät und war immer auf Zack. Aber das allein reicht am Ende eben nicht aus. Im Gespräch mit den Mitarbeiterinnen wurde schnell deutlich, dass die Geschäftsführerin trotz aller Motivation nicht anerkannt und ihre Arbeit nicht gewürdigt wurde. Andersherum hatte sie die Arbeit der Kolleginnen nie gewürdigt oder sie mit gutem Zuspruch motiviert. Auch hatte sie nicht das Gespräch gesucht, um den anderen zu zeigen, wie sie was machen könnten, damit es besser funktioniert. Sie hatte die anderen de facto nicht mitgenommen, es lieber selbst gemacht und dadurch schlechte Stimmung verbreitet. Unsere Geschäftsführerin stand knapp davor, ihre Schafherde zu verlieren. Die emotionale Auseinandersetzung in dem Meeting zeigte aber auch etwas Gutes. Solange noch gesprochen wird, wenn auch emotional, sind die Beteiligten noch an einer Lösung interessiert.

Als ich selbst in meiner Krise nach Lösungen suchte, fand ich damals zwei Geschichten. Zum einen die Geschichte mit dem Hirten und den Schafen, in der mir klar wurde, dass ich auf keinen Fall mehr auf Dauer der Chef in der Position des Schäferhundes sein wollte. Zum anderen gab es da noch die Geschichte von meinem fiktiven Freund Horst, die ich irgendwann einmal aufgeschnappt hatte. Diese Geschichte löste schlussendlich mein Problem der inneren Rastlosigkeit und der damit verbundenen Schwächen vollends. Ich wandte an meiner Geschäftsführerin diese Geschichte an und dann purzelten die Erkenntnisse. Ich meinte zu ihr, dass sie sich einfach einmal vorstellen soll, dass an ihrem Frühstückstisch morgens ein Freund, der Horst, säße. Sie sind beide beim Kaffeetrinken und auf einmal sagt der liebe Horst Folgendes zu ihr: »Du bist ganz schön dick, iss mal weniger. Außerdem hast du eine krumme Nase, die dich hässlich macht. Und du verdienst nicht genug Geld, weil du keinen guten Job hast. Du könntest viel mehr erreichen, wenn du nicht so faul wärst. Du bist ein wertloser und nutzloser Mensch ohne Daseinsberechtigung.« Ich fragte sie, wie sie nun mit Horst, nach all diesen Aussagen, umgehen würde und wie oft er noch bei ihr zum Frühstücken zu Gast sein dürfte. Wie könnte es anders sein, antwortete sie: »Nie wieder dürfte der vorbeikommen. Ich würde ihn hochkant rauswerfen. Ich würde es mir niemals gefallen lassen, dass jemand so mit mir umgeht.« »So, so«, sagte ich, »das ist ja interessant, denn genauso gehst du seit langer Zeit mit deinem Team um und die wollen nun Horst, also dich, nicht mehr an ihrem Frühstückstisch sitzen haben. Der Horst in dieser Geschichte steht stellvertretend für das Teufelchen auf deiner Schulter, mit dem du innerlich sprichst.«

Als ich einige Zeit zuvor die Geschichte zum ersten Mal hörte, half sie mir sehr, denn mir wurde klar, warum ich meine Umwelt nie lobte oder Leistungen anerkennen konnte. Ich konnte es bei mir selbst auch nicht, die vielen prägenden Jahre in meiner Jugend hatten tiefe Wunden hinterlassen. Ich hatte die Meinung meiner Umwelt angenommen und war der festen Überzeugung, ohne Leistung nichts wert zu sein. Es war eigentlich schon schlimm genug, dass ich so andersartig war. Rückblickend kann ich jetzt sagen, dass Horst über Jahre hinweg allmorgendlich an meinem Frühstückstisch saß und mich antrieb. Dadurch war ich unzufrieden und rastlos geworden, denn mein größter Wunsch war, endlich mal ein Lob von Horst zu bekommen. Stattdessen fand er, egal wie sehr ich mich anstrengte, immer wieder etwas zu meckern und zu verbessern. Genau das übertrug ich als Chef über viele Jahre auf meine Mitarbeiter und durfte mich nun nicht wundern, dass ich genau solche Menschen auch als Mitarbeiter angezogen hatte. Ich hatte jetzt in der Situation allerdings den Vorteil, dass ich durch den Anstoß von Elfi, meines Beinahe-Burnouts und der Reflexion daraus in der Lage war, meiner Geschäftsführerin zu helfen.

Die Lösung lag auf der Hand: Wenn ich selbst kein Interesse mehr daran habe, Horst am Frühstückstisch zuzulassen, fange ich auch automatisch an, mit mir selbst sorgsamer und freundlicher umzugehen. Ich ließ auch mal ein Lob für mich zu und gestand mir Fehler ein, ohne mich gleich von Horst fertigmachen zu lassen. So, wie ich mit mir umgehe und wie ich mit mir spreche, gehe ich im Umkehrschluss auch auf meine Umwelt zu, und das war dann auch die Lösung aller Probleme. Meine Geschäftsführerin verstand, dass alle Teammitglieder auf ihre Weise perfektionistisch waren, aber eben alle in ihrem persönlich eingegrenzten Bereich.

Gibt es den Perfektionismus überhaupt?

Nach all den vorangegangenen Ausführungen frage ich mich also: Gibt es den Perfektionismus überhaupt? Und wenn ja, wann ist er nicht mehr auszuhalten?

Genaugenommen liegt es doch immer im Auge des Betrachters oder ist zumindest subjektiv gefärbt. Was für mich perfekt ist, muss für jemand anderen noch lange nicht perfekt sein. Also kann ich sagen, dass es den Perfektionismus an sich nicht gibt, wohl aber das, was für mich stimmig, richtig und aus meiner persönlichen Betrachtung heraus perfekt ist.

Ich wollte keinen Horst mehr an meinem Tisch sitzen haben und deshalb musste ich meine maßlose Herangehensweise und den niemals endenden Wunsch nach Anerkennung in erreichbare Ziele umwandeln. Ich musste erst lernen, dass auch ich nur ein Mensch bin. Und dennoch gebe ich zu, dass meine persönliche Motivation so hoch ist, dass ich gerne etwas erfolgreicher und einzigartiger als der Durchschnitt sein möchte. Das ist mein Anspruch auf Perfektion, und dafür strenge ich mich auch weiterhin an, aber eben nicht um jeden Preis. Ich habe verstanden, dass man bei einer rastlosen und ungeduldigen Herangehensweise mit sich nicht im Reinen ist. Wenn man dagegen im Hier und Jetzt mit der erbrachten Leistung zufrieden ist, dann ist man schon ziemlich perfekt.

Und weil ich verstanden habe, dass es keine allgemeingültige Definition von Perfektion gibt – außer der eigenen Sicht auf die Dinge –, habe ich meine eigene Definition erstellt. Ohne Horst weiß ich heute, dass ich bei allem Erfolg und Misserfolg ein perfekter Mensch mit Stärken, Schwächen, Speckröllchen, Falten und vielem mehr bin – und darauf bin ich stolz.

Kapitel 3 – Wie bekommst du alles unter einen Hut?

Meine Antwort auf die Frage, wie du alles in deinem Leben unter einen Hut bekommen könntest, ist kurz und knapp: Lass einfach die Hälfte von den Dingen, die du meinst erledigen zu müssen, weg. Damit hätte sich das Thema bereits erledigt. Fragt sich jetzt nur, warum diese Gangart den Wenigsten unter uns gelingt.

Ich kenne niemanden, der nicht ab und zu eine stressige Phase durchlebt. Grundsätzlich würde ich Stress zunächst in zwei Arten unterteilen. Wir können ihn entweder positiv oder aber negativ durchleben. Viele Menschen, dazu habe ich mich auch lange gezählt, durchleben oftmals die negative Form von Stress, sodass es krankhafte Züge annimmt. Das zeigt sich in einer stark ausgeprägten Ungeduld, Rastlosigkeit und einer generellen Unzufriedenheit mit der gegebenen Situation, dem Hier und Jetzt. Es fällt schwer, sich mit dem bereits Erreichten gut zu fühlen oder aber eine ruhige Phase als gegeben anzunehmen.

In diesem Kapitel werde ich darauf eingehen, wie ich die negative Stressspirale mit viel zu vielen Projekten auf einmal in einen gesunden Umgang mit den Ressourcen Zeit und Zufriedenheit umgekehrt habe.

Seit ich denken kann, verfolgt mich unterschwellig das Gefühl, im Hier und Jetzt nicht genügend Leistung erbracht zu haben. Dabei drängt sich mir unweigerlich der Gedanke auf, ob ich nicht auch hier wieder mit meinem Thema »Selbstwertgefühl« zu kämpfen habe. Wenn genug nie genug ist, fällt es auch schwer, alles unter einen Hut zu bekommen. Bei mir kommt hinzu, dass ich im Anschluss an ein erreichtes Ergebnis immer denke: Das geht noch besser. Grundsätzlich ist diese Herangehensweise sicherlich nicht schlecht, weil wir in unserer Gesellschaft Stillstand zu gerne mit einem Rückstand gleichsetzen. Aber bei mir wurde es immer gleich zu einem nagenden schlechten Gewissen, sodass ich meine erreichten Ergebnisse als mittelmäßig und somit schlecht ansah. Ich konnte mir aufgrund meines schwachen Selbstwertgefühls kein Erfolgserlebnis zugestehen. In der Folge begann ich unmittelbar nach dem Erreichen eines Ziels gleich wieder mit der Arbeit, um dieses Ergebnis weiterzuentwickeln – ohne eine Pause einzulegen und meine Akkus wieder aufzuladen. Das Schlimme daran ist auch, dass ich mir keine Zeit genommen habe, einen Moment innezuhalten und mit dem Erreichten zufrieden zu sein.

Ich denke, du wirst mir zustimmen, wenn ich sage, dass das Erreichen von Zielen Glücksgefühle und Zufriedenheit auslöst. Damit hatte ich auch kein Problem. Für mich war es lediglich schwierig, etwas länger als einen kurzen Moment dieses Gefühl aufrechtzuerhalten oder anders ausgedrückt, es zu genießen. Stell dir vor, du läufst einen Marathon und gewinnst ihn. Überglücklich und körperlich völlig am Ende lässt du dich feiern, gehst zu der Siegerehrung und veranstaltest im Anschluss noch eine Party, um dein Glück mit deinen Liebsten gebührend zu feiern. Für mich wäre das undenkbar gewesen. Unmittelbar nach dem Durchschreiten der Ziellinie hätte ich auf meine Uhr geschaut, festgestellt, dass ich keinen Weltrekord aufgestellt habe und hätte das schrecklich gefunden. Verbissen und ehrgeizig wie ich war, hätte ich gleich weitertrainiert, um beim nächsten Marathon eine bessere Leistung zu erbringen. Urlaub? Nein, danke – einen Moment innehalten oder eine Pause einlegen wird völlig überbewertet, das brauche ich nicht.

Ich kann mir vor wie ein Drogenabhängiger auf der Suche nach dem nächsten Kick

Durch diese Unruhe und Rastlosigkeit fehlte es mir am Ende immer an zwei Dingen. Gute und zufriedenstellende Ergebnisse sowie genügend Zeit. Durch die zahlreichen Projekte, die ich mir aufbürdete, litt unter dem Zeitdruck die Qualität und die Fehlerquote erhöhte sich natürlich ebenfalls. Ich war einfach durch, die fehlenden Ruhephasen zeigten Ergebnisse in negativer Weise. Ich war durchgängig mit Planen, Organisieren, Regeln und Managen beschäftigt, um nicht nur einen noch besseren Zustand zu erreichen, sondern vor allem um meine Verlustängste zu befriedigen. Wenn ich die ganze Zeit beschäftigt bin und immer etwas mache, kann ich doch so schnell nicht alles wieder verlieren – oder?

Am Ende beißt sich die Katze selbst in den Schwanz, das ging mir mächtig auf die Nerven. Es war an der Zeit, eine Lösung dafür zu finden. Dadurch, dass ich immer nur für einen kurzen Moment ein Glücksgefühl empfand und gleich wieder weitermachen musste, kam ich mir vor wie ein Drogenabhängiger auf der Suche nach dem nächsten Kick. Ich wollte dem Leben gegenüber eine optimistischere Grundeinstellung einnehmen. Mein Ziel sollte nicht mehr sein, von einem kurzen Adrenalinkick zum nächsten zu hetzen, ich wollte das Leben gelassener und unbeschwerter genießen können. Also beschloss ich, mir selbst mehr Aufmerksamkeit zu schenken und das zu würdigen, was ich erreiche, um einfach länger in diesem Glücksgefühl verweilen zu können.

Auf der Suche nach einer konkreten Lösung für dieses Dilemma lief mir eine schöne Geschichte über den Weg. Stell dir folgende Situation vor: Du läufst innerlich im roten Drehzahlbereich, was weder dir noch sonst jemandem auffällt, und plötzlich wirst du von einer Fee entführt. Sie verfrachtet dich auf eine einsame Insel, wo du tun und lassen kannst, was du willst. Auf dieser Insel gibt es weder einen Wecker noch einen Arbeitsplatz, den du nach dem allmorgendlichen Stau erreichen musst. Es gibt keine schreienden Kinder und keinen Lebenspartner, der nach einem zwölfstündigen Arbeitstag abends noch eine annehmbare Konversation oder eine Runde wilden Sex einfordert. Auch Freunde und die Familie sind weit weg, sodass du diesbezüglich keine Kontakte pflegen musst.

Unabhängig davon, dass diese Dinge auch supertoll und angenehm sein können, lass dich im Moment einfach darauf ein, wie es wäre, wenn du auf dieser einsamen Insel wärst. Hier gibt es alles im

Ich gehe davon aus, dass wir ohne Gesellschaft einfach keinerlei Statussymbole brauchen

Überfluss und das Beste ist, du kannst dich mit niemandem messen oder vergleichen, weil außer dir einfach niemand da ist. Wenn es dunkel ist, würdest du merken, dass du müde bist, und schlafen gehen. Morgens wachst du irgendwann auf und pflückst dir zum Frühstück ein paar Früchte. Niemand schreibt dir vor, wie du dich zu ernähren hast, oder sagt dir, dass du zu dünn oder zu dick bist. Niemand bewertet dich und schreibt dir vor, besser werden zu müssen. Stell dir vor, du bist von jeglichem Leistungsdruck befreit. Du musst nur einer Person Rechenschaft ablegen und das bist du selbst! Was brauchst du also, um dich in deiner Haut wohlzufühlen? Was ist dir wichtig und was möchtest du mit deiner Zeit anfangen? Würdest du dich stressen, nur um tolle Kleider tragen und einen Porsche fahren zu können, den auf der Insel ohnehin keiner bewundern kann? Oder würdest du dir eine gemütliche Unterkunft bauen, um vor Wind und Wetter geschützt zu sein? Vielleicht hättest du Lust, dass ein Partner mit einem kleinen Boot am Strand angespült wird? Was ist dir am wichtigsten, was wünschst du dir am meisten? Ich gehe davon aus, dass wir ohne Gesellschaft einfach keinerlei Statussymbole brauchen. Wir machen uns doch viel zu viel Stress, weil wir glauben, nicht genug zu haben oder genug zu sein. Da es auf der Insel keine anderen Menschen gibt, mit denen man sich vergleichen könnte, und auch keinerlei Spiegel, hätten wir sicherlich nichts an uns auszusetzen. Wir wären schön, so wie wir sind.

So, und jetzt stelle ich dir und mir noch einmal die Frage, warum wir nie alles unter einen Hut kriegen und warum wir gefühlt nie mit 24 Stunden am Tag zurechtkommen?

Ich möchte an dieser Stelle kein Zeitmanagementseminar abhalten, dennoch belegen Statistiken, dass wir in der Regel einen Werktag in die folgenden Tätigkeiten aufteilen: Ungefähr acht Stunden gehen auf das Konto der Arbeit, die gleiche Zeit schlafen wir, zwei Stunden hängen wir im Verkehr fest, eine Stunde verwenden wir zur Körperhygiene, zwei Stunden kochen wir uns etwas und essen und ganze drei Stunden von einem Tag bleiben uns für sonstige Dinge. Dann kommt noch das Wochenende mit zwei weiteren Tagen dazu, die uns zur freien Verfügung stehen.

Das hört sich doch erst einmal so an, als könnte man alles unter einen Hut bringen, oder? Jetzt stellt sich die Frage, was genau uns dazu veranlasst, andere Prioritäten zu setzen, die zu Engpasssituationen führen, in denen wir gefühlt nicht genug Zeit haben und in Stress geraten. Ich denke, dafür gibt es mehrere Gründe. Wichtig finde ich zunächst die Definition von positivem und negativem Stress. Wenn wir Freude an unserer Arbeit oder den Projekten haben, das Gelingen uns großen Spaß bereitet und wir für unsere Anstrengungen Bewunderung und Anerkennung ernten, erleben wir positiven Stress. Wir geben einfach alles und bekommen ein gefühltes Maximum an Energie zurück. Es ist wie ein Wechselspiel zwischen Geben und Nehmen. Positiver Stress bringt sichtbare und gefühlte Ergebnisse. Anders verhält es sich bei negativem Stress. Hier reiben wir uns auf, wir laufen wie in einem Hamsterrad permanent im Kreis, die Zwischenschritte unserer Arbeit greifen nicht, wir bekommen kein Lob und niemand unterstützt uns. Dann gibt es aber noch Situationen im Leben, vor denen man nicht flüchten kann, Schicksalsschläge, die einen länger als gewünscht in einem unschönen Zustand festhalten. Oft entstehen negativ gestresste Phasen, wenn das eigentliche Ziel zu weit entfernt ist, wir keine Zwischenziele eingeplant haben und uns dadurch über kurz oder lang die Puste ausgeht. Gerade, wenn wir einen neuen Weg einschlagen, der uns verunsichert oder dessen weiteren Verlauf wir noch nicht absehen können, ist es wichtig, wenn wir uns bereits über kleine Erfolge freuen und lernen, eine optimistische Grundeinstellung zu gewinnen.

Neben Lob und Anerkennung finde ich das Gefühl, gebraucht zu werden, extrem wichtig. Wenn das fehlt, ist zum einen die Gefahr groß, im negativen Sinne gestresst zu sein, und zum anderen fühlt man sich unwohl und kann nicht die Leistung bringen, die im Grunde abrufbereit wäre. Ich kann für mich sagen, dass ich diesbezüglich einen nicht unerheblichen Nachholbedarf habe. Ich möchte nicht nur gebraucht werden, sondern auch Geld, Anerkennung und Erfolg haben, weil es Dinge sind, die mich im Leben antreiben. In meiner Branche bin ich genau richtig, weil ich Schönheit, auch wenn sie im Auge des Betrachters liegt, schätze. Zudem habe ich mich für einen hohen Lebensstandard entschieden, für den ich gerne überdurchschnittliche Leistungen bringe, weil mir Karriere machen wichtig ist. Hier komme ich nun zu meinem Wechselspiel zwischen positivem und negativem Stress.

Natürlich bin ich stark und fühle mich selbstbewusst und liebenswert, frei und unabhängig, wenn ich gut dastehe, und die Kontrolle über jedwede Situation in meinem Leben habe. Das fing bei mir während meines Studiums mit dem Kellnerjob in einem Club an. Hier habe ich mich, um der Anerkennung willen, in den roten Drehzahlbereich gebracht, von dem ich schon gesprochen habe. Je mehr die Chefs meine guten Ergebnisse sahen, desto mehr Verantwortung wurde mir übertragen und umso wichtiger wurde ich. Dieses Gefühl, gebraucht zu werden, fühlte sich für mich wunderbar an und ich begab mich selbst unter den Druck, diese Position unbedingt halten zu wollen. Ich hatte mir schließlich meinen Lieblings-Servicebereich und feste Stammgäste in dem Club erkämpft, die ich auf keinen Fall verlieren wollte, und so wurde ich automatisch flexibler.

Gebraucht werden, um den Glückszustand aufrechtzuerhalten

In meinem Unternehmen nahm es einen ähnlichen Verlauf. Je mehr Anerkennung und Lob ich erhielt, umso wichtiger fühlte ich mich. Schließlich hielt ich mich für unersetzlich. Das löste bei mir Glücksgefühle aus und so musste ich zusehen, dass ich immer gebraucht werde, um den Glückszustand aufrechtzuerhalten. Das bedeutete für mich, alles zu regeln, zu organisieren und zu kontrollieren. Aber ähnlich wie bei meinem Kellnerjob stieg auch in meinem Unternehmen die Angst in mir hoch, das Glücksgefühl wieder verlieren zu können. Ich wurde extrem ungeduldig und hatte, egal wie viel und wie schnell ich arbeitete, den Eindruck, lahm wie eine Schnecke zu sein. Ich war in einem hohen Maße unzufrieden und wenn dann noch meine Mitarbeiter Fehler machten oder ein Mitbewerber ein weiteres Ladengeschäft öffnete, potenzierten sich die negativen Gefühle. Aufgrund der Angst, meine Ziele nicht erreichen oder das Erreichte wieder verlieren zu können, wurde aus dem engagierten, immer gut gelaunten Jens ein verbissener und unausstehlicher Jens. Der zunächst positive, motivierende Stress kehrte sich um ins Negative und wurde für mich wie für meine Umwelt zu Gift. Ich setzte mir unerreichbare Ziele, war maß- und grenzenlos, sodass es im Nachhinein ganz verständlich ist, dass ich nicht alles unter einen Hut bekommen habe und immer zu wenig Zeit hatte. Meine ganzen Bedürfnisse versuchte ich mit Fleiß, Disziplin, Ehrgeiz und einer hohen Dosis Selbstkritik zu erreichen und wurde dadurch erpressbar. Die Hoffnung und der Wunsch, einen immer besseren Zustand anstreben zu müssen, setzte mich unter einen enormen Druck. Natürlich spielt die Zeit, wenn du in einem solchen Zustand gefangen bist, immer gegen dich. Inwiefern Perfektion hier möglich und gesund ist, hatte ich bereits im zweiten Kapitel ausgeführt. In dieser Lebensphase hing ich noch völlig fest und wollte nichts Geringeres als Perfektion erreichen.

Aber schon mit meinem 30sten Geburtstag musste ich leider feststellen, dass beispielsweise Schönheit vergänglich ist, zumindest Schönheit nach meiner Definition. Ich wurde langsam, aber kontinuierlich schlaff, schrumpelig und weniger leistungsfähig – und das war nur der Anfang! Trotzdem konnte ich noch nicht aufhören, mich selbst unter Druck zu setzen, um eine vermeintliche Perfektion zu erreichen. Ich wollte weiterhin versuchen, alles Erdenkliche aus den 24 Stunden eines Tages herauszuholen. Im Nachhinein empfinde ich das als wirklich schlimm, und das alles nur, weil mein Glücksempfinden davon abhing, gebraucht und von den anderen anerkannt zu werden. Fast noch schlimmer ist aber, dass ich einmal allen Ernstes dachte, ohne mich würde gar nichts mehr gehen und ich sei unersetzbar. Zu der Zeit riss ich alles an mich und delegierte nichts, nur aus meiner Angst heraus, nicht wichtig zu sein. Ich meckerte zwar regelmäßig, dass ich zu viel zu tun hatte, aber das war eigentlich auch nur eine Art, den anderen aufzuzeigen, dass ich nicht nur fleißig, sondern vor allem wichtig war.

Im Gegensatz zu der entspannten Inselgeschichte wird es im wahren Leben niemals so sein, dass wir endlos glücklich und zufrieden mit dem sind, was wir erreicht haben. Die Vorbereitung für dieses Gefühl fängt bereits in unserer Kindheit an. Als ich kürzlich bei McDonald's saß, beobachtete ich unbewusst eine Mutter mit ihrem Sohn am Nebentisch. Auf einmal kam mit lautem Getöse ein fetter, roter Porsche um die Ecke und bog in den McDrive ein.

Glücklich und zufrieden mit dem sein, was wir erreicht haben?

Einerseits erschrocken und andererseits neugierig, was denn da gerade mit lautem Tamtam um die Ecke bog, drehten sich alle Anwesenden im Restaurant um. Das für mich Interessante war, dass der kleine Junge sofort sagte: »Schau mal, Mama, wie cool, ein Porsche. Warum fahren wir so etwas eigentlich nicht?« Wahrscheinlich hat der Junge bereits mit einer Carrera-Bahn oder mit Matchbox-Autos gespielt und natürlich früh gelernt, dass eins der coolsten Autos auf Erden ein knallroter Porsche sein muss. Die Mutter machte aus meiner Sicht gleich den Fehler, zu sagen, dass so ein Auto nur reiche Menschen fahren können, und fügte noch hinzu, dass sich das nur die leisten können, die in der Schule fleißig waren und einen ordentlichen Beruf gelernt haben. Aber eigentlich bräuchte man das nicht, denn einen Porsche fahren nur diejenigen, die uns zeigen möchten, dass sie etwas Besseres seien.

Ich gebe zu, als der Porsche um die Ecke bog, war ich definitiv neugierig und aufmerksamer, als wenn ein 08/15-Golf vorbeigefahren wäre. Natürlich wollte ich dann noch wissen, wie die Person aussieht, die drin sitzt, und schließlich war ich genauso geblendet wie dieser kleine Junge, nur mit dem Unterschied, dass ich mich mit der Person im Auto verglich: Bin ich genauso cool wie der? Ist der wichtiger und einflussreicher als ich? Und was, bitte schön, hat den wohl so erfolgreich gemacht, dass er einen Porsche fahren kann? Na ja, und so weiter, was man eben so denkt, wenn ein Porsche an einem vorbeifährt. Ich kann es nicht bestreiten, dass ich letztlich auch ein kleines bisschen neidisch auf die Aufmerksamkeit war, die dieser Auftritt auf sich gezogen hat.

Diese Geschichte ist selbstverständlich nur ein Beispiel. Nicht jeder kann mit einem Porsche etwas anfangen, aber mir ging es eher um die Situation an sich, und mit der kannst du sicherlich etwas anfangen.

Fakt ist, dass uns das auf der einsamen Insel nicht passiert wäre. Also überlege ich mir, welche Knöpfe der Porsche-Auftritt bei drei unterschiedlichen Menschen gedrückt hat und welche Auswirkungen das auf unser Wohlbefinden hat. Von Bewunderung über Erniedrigung bis hin zu Neid wurden hier ganz schön viele Emotionen bedient. Was mich daran am allermeisten wunderte, war, dass dieser kleine Junge mit seiner Reaktion bereits wunderbar belegt hat, was laut Aussage von Marketingexperten ganz klar ist. Danach gibt es erstrebenswerte Luxusgüter, die ein höheres Maß an Anerkennung und Ansehen hervorrufen, wenn man sie besitzt. Andererseits werden mit dem Besitz dieser Güter bei den Menschen, die sie nicht besitzen, Emotionen ausgelöst. Das sagt mir, dass es ein fast natürliches, altersübergreifendes Bedürfnis ist, nach der Befriedigung von bestimmten Bedürfnissen zu streben. Je nachdem, wie anfällig wir dafür sind, und wie sehr wir uns ebenfalls ein bestimmtes Bedürfnis erfüllen möchten, umso mehr geraten wir in Stress. Denn seien wir mal ehrlich, für Statussymbole benötigen wir Geld und dieses Geld fällt nicht einfach vom Himmel, sondern will hart erarbeitet werden.

Mir wurde letztlich klar, dass ich unbedingt an meinem Selbstwertgefühl arbeiten musste. Andererseits wäre ich, nur um Statussymbole zur eigenen inneren Aufwertung besitzen zu müssen, auf ewig in der Spirale des roten Drehzahlbereichs gefangen. Das ist kein Zustand und verursacht ausschließlich negativen Stress.

Ich wollte wieder ein Unternehmen besitzen, das ich erfolgreich führen konnte, und nicht umgekehrt. Zwischendurch entstand wirklich das Gefühl, dass das Unternehmen mich besitzt, ich hatte das Gefühl, erpressbar geworden zu sein. Das Bedürfnis nach Erfolg, Macht und Geld machte mich auf Dauer fertig. Die damit verbundenen Glücksgefühle hatten sich abgenutzt. Was nun? Mich weiter stressen und nächsthöhere Ziele anstreben? Oder gibt es vielleicht doch einen einfacheren Weg zum Glück?

Ich erinnerte mich an die Maslowsche Bedürfnispyramide. Sie wurde1958 von dem amerikanischen Psychologen und Gründervater der Humanistischen Psychologie Abraham Maslow entwickelt. Diese Bedürfnishierarchie hat ihn berühmt gemacht und ist ein Modell zur Erklärung der menschlichen Motivation. Danach versuchen die Menschen, zunächst die Bedürfnisse der unteren Stufen zu befriedigen, bevor es zur nächsthöheren Stufe geht. Insgesamt gibt es fünf solcher Stufen. Ich wusste noch von einem Seminar aus früheren Zeiten, dass wir damit gearbeitet hatten. Hier konnte möglicherweise die Lösung für mein negatives Stressempfinden liegen. Gesagt, getan, schmökerte ich in meinen alten Ordnern und ging wieder die Definitionen und Beschreibungen durch.

Als ich damals von dieser Pyramide erfahren hatte, war mir natürlich nicht bewusst, dass sie mich eines Tages meinem Lebensglück näherbringen würde. Anscheinend mussten erst viele gestresste Jahre vergehen, bis ich, am Gipfel meiner Verbissenheit angekommen, die wahre Bedeutung verstand.

Auf der ersten Stufe stehen die elementaren Grund- und Existenzbedürfnisse. Sie spiegeln als Fundament des Menschen die körperlichen Grundbedürfnisse wie zum Beispiel Atmen, Essen, Trinken, Wärme und Schlaf wider. Hier wird also zunächst das körperliche Überleben sichergestellt.

Auf der zweiten Stufe geht es darum, Sicherheit zu erlangen. Diese erhalten wir durch ein Dach über dem Kopf, einen Arbeitsplatz, das Leben in einem Rechtsstaat, der für Ordnung sorgt und uns vor Gefahren schützt, sowie durch unsere Gesundheit und den Erhalt derselben.

Als Nächstes geht es weiter zu den Sozialbedürfnissen. Wenn wir als Mensch ein Dach über dem Kopf haben, gesund sind und ausreichend zu essen und zu trinken zur Verfügung stehen, möchten wir mehr. Auf der dritten Stufe geht es um unsere sozialen Kontakte, um Freundschaft, Partnerschaft und Liebe. Was denkst du, gibt es nun noch zu erreichen? Jetzt komme ich wieder zu dem Beispiel mit dem Porsche, das auf einfache Weise die vierte Stufe, das Bedürfnis nach sozialer Anerkennung und Ansehen widerspiegelt. Wenn wir die ersten drei Stufen gemeistert haben, entsteht automatisch der Wunsch nach mehr – genau genommen nach Wohlstand, Status, Macht, Geld, Karriere und danach, in der Gesellschaft anerkannt zu sein. Hier lechzen wir also fortan nach der sozialen Wertschätzung, in der wir durch den Aufbau von Vermögen mehr Wohlstand als andere erreichen und damit mehr Macht und Einfluss haben. In dieser Stufe kommt es automatisch dazu, dass wir uns mit anderen vergleichen. Wir streben nach mehr Geld und einer höheren Position im Job, wodurch uns in der Gesellschaft mehr Respekt entgegengebracht wird. Schließlich stehen wir hierarchisch gesehen weiter oben und damit mitten auf der umjubelten großen Bühne.

Die Befriedigung unserer Verlustängste

Wenn das dann wirklich alles erreicht ist, erscheint die ursprünglich letzte Stufe der menschlichen Bedürfnisse, die Selbstverwirklichung. Diese Stufe ist nicht leicht zu erklären. Wenn es im Äußeren nichts mehr zu erreichen gibt, strebt der Mensch nach einer Art Vollendung, nach der Selbstverwirklichung. Man sucht nach dem Sinn im Leben, nach dem, was einen als Individuum wirklich ausmacht. Welche Talente habe ich, was möchte ich noch erreichen und was wünsche ich mir aus tiefstem Herzen? Im weitesten Sinne kommt es zur Freiheit und Unabhängigkeit von jeglichen Zwängen.

Der Unterschied der ersten vier Stufen zu der fünften ist, dass es in den ersten immer um die Befriedigung unserer Verlustängste geht. In der fünften habe ich diese Ängste nicht mehr und bekomme alles unter einen Hut. Das angestrebte Ziel bei der fünften Stufe stellt sich weitaus anspruchsvoller dar, deshalb ist die Luft an der Spitze des Mount Everest der menschlichen Bedürfnisse auch so dünn. Ich will kurz anmerken, dass wir diese Engpasssituationen brauchen, um uns für die weiteren und nächsten Schritte zu motivieren. Man benötigt viel Ausdauer, Erfahrung, Mut und Klarheit, um, einmal am Gipfel angekommen, die Aussicht genießen zu können. Falls du dich fragst, was der Mount Everest eigentlich damit zu tun hat, so wirst du Genaueres hierzu in Kapitel 5 erfahren. Es sind gewissermaßen die Entwicklungsstufen, die ich im Laufe meines Coaching-Daseins erfahren und herausgestellt habe.

Als ich mir besonders die ersten vier Stufen der Maslowschen Bedürfnispyramide noch einmal genauer anschaute, wurde mir sonnenklar, dass auf diesen Ebenen die Verlustangst nicht zu überwinden ist. Für mich stellt dies den Hauptstress dar. Wir unterliegen fast permanent der Angst, etwas wieder zu verlieren, was uns sehr wichtig ist, oder noch schlimmer, was wir für lebensnotwendig halten. Um das zu verhindern, kämpfen wir und motivieren uns so ungemein, dass wir in die Stressspirale geraten. Plötzlich wurde mir immer klarer, woher die Unruhe und Rastlosigkeit in meinem Leben kam.

Was die wenigsten von mir wissen, ist, dass ich ungefähr bis zu meinem 13. Lebensjahr im Schnitt mit vier bis fünf »Stiefgeschwistern« groß geworden bin. Meine Mutter hatte meinen Vater geheiratet, als sie noch sehr jung war. Gemeinsam haben sie dann gleich ein großes Haus gebaut. Ich war ein ungeplantes Wunder der Natur und meine Mutter wollte auf ihre Art alles unter einen Hut bekommen: bei Klein Jensi sein und gleichzeitig das große Haus finanzieren. Um das zu ermöglichen, nahm sie Pflegekinder aus dem Heim auf, die teilweise schwer traumatisiert waren. Dadurch gab es bei uns oft viel Stress und Ärger, weil die Pflegekinder schlecht in der Schule waren und regelmäßig schwänzten. Es war das volle Programm. Teilweise waren es Bettnässer, sie liefen weg und mussten tagelang von der Polizei gesucht werden, sie nahmen Drogen oder bestahlen meine Eltern. Im Vergleich zu ihnen habe ich keine Probleme gemacht. Ich wurde regelmäßig vor versammelter Kinderschar gelobt und als Vorzeigesohn präsentiert. Schaut mal, der Jens macht seine Hausaufgaben, der Jens ist eigenverantwortlich, der Jens erledigt seine Aufgaben. Im Nachhinein glaube ich, dass genau dieses Verhalten meiner Mutter mich unbewusst aus meiner Kindheit gerissen hat. Ich konnte nicht einfach Kind sein, alles Mögliche ausprobieren und irgendwie Dummheiten machen; dafür waren die anderen schon da.

Wenn Menschen über eine unbeschwerte Kindheit sprechen, fallen mir andere Worte für die meine ein. Ich würde das Thema Unbeschwertheit bei mir mit schnellem Erwachsenwerden und einer perfekten Darstellung meiner selbst beschreiben. Einerseits holte ich mir zu Hause das Lob als müheloser Sohn ab und andererseits war ich in der Schule der gehänselte Außenseiter. Dieses frühzeitige Erwachsenwerden diente mir zum einen als Selbstschutz vor den Hänseleien in der Schule und zum anderen wolle ich natürlich weiter Lob und Anerkennung bekommen, weil ich bessere Leistungen als meine Geschwister erbrachte und dadurch meiner Mutter keine Probleme machte. Die ganzen Schwierigkeiten mit den Pflegekindern haben mir sehr früh gezeigt, wie ich es nicht machen sollte, wenn ich gelobt werden wollte. Mein Problem war eher, dass ich viel darüber nachdachte, wie ich in der Schule endlich dazugehören konnte, um auch hier anerkannt zu werden. Zwischen meinem siebten und elften Lebensjahr habe ich mir gezwungenermaßen Gedanken darüber machen müssen, warum ich nicht richtig bin, so wie ich bin. Anstatt einfach nur zu malen, zu spielen und dem Druck von Mathetests und Zeugnissen standzuhalten, war ich zusätzlich noch damit beschäftigt, herauszubekommen, was mit mir nicht stimmt – die rastlose und ungeduldige Phase in meinem Leben nahm ihren Lauf.

So habe ich aus meiner Sicht jahrelang dem Ziel hinterhergeeifert, besser als meine Geschwister zu sein, um die Vorbildfunktion zu erfüllen, die stillschweigend von mir erwartet wurde. Zusätzlich kam die Situation in der Schule hinzu. Dass ich mich hier, in dem wichtigsten sozialen Umfeld, nicht angenommen fühlen konnte, hat tiefe Furchen in mir hinterlassen. Im Erwachsenenalter hat mich das dann in den roten Drehzahlbereich gebracht, bis ich schlussendlich nicht mehr konnte. Meine Akkus waren völlig leer.

Die prägenden Jahre in der Kindheit sind für das Selbstwertgefühl extrem wichtig. Wenn das in der Zeit nicht gestärkt wird und man immer nur lernt, dass man ausschließlich bei gut erbrachter Leistung gelobt wird, verliert man das Wichtigste aus dem Auge: Wir waren so, wie wir als Baby auf die Welt gekommen sind, eigentlich vollkommen!

Nach diesen Erkenntnissen musste ich lernen, meine Vergangenheit hinter mir zu lassen. Ich wollte mir im Hier und Jetzt genügen, so wie ich bin, ohne auch nur irgendeine Leistung erbringen zu müssen. Ob nun mit krummer Nase oder muskelbepackten Armen, ob mit Villa und Porsche oder ohne diese Dinge, es sollte mein Innerstes nicht beeinflussen. Nur wenn ich begreife, dass ich auch ohne Leistung zu erbringen perfekt bin, so wie ich bin, kann ich loslassen und damit unbeschwerter und glücklicher dem Inselbeispiel folgen.

Ohne Leistung zu erbringen bin ich perfekt, so wie ich bin

Jetzt war zwar der Groschen gefallen und ich hatte die Erkenntnis gewonnen, aber es ist noch einmal eine ganz andere Sache, die alten Muster auch tatsächlich loszulassen. Das war für mich eine sehr große Herausforderung. Wer kennt nicht die Schwierigkeit der letzten Zigarette oder anderer Süchte, von denen wir wissen, dass sie uns eigentlich nicht guttun, aber irgendwie eben doch, weil sie uns Halt geben? Es half nichts, ich musste die Betonschichten meines Bewusstseins aufmeißeln und damit anfangen, die hinterlegten Informationen umzuprogrammieren. Ich wollte von nun an für möglichst lange Zeit glücklich sein. Schließlich begriff ich, dass mir das auch dabei helfen würde, alles unter einen Hut zu bekommen.

Über die ersten zwei Stufen der Maslowschen Bedürfnispyramide, die körperlichen Grundbedürfnisse sowie die Sicherheit, musste ich mir im Gegensatz zu anderen Menschen nie großartig Gedanken machen. Mein Problem, in dem ich damals gefangen war, betraf die folgenden Ebenen. Insbesondere die dritte, die sozialen Beziehungen, also das Thema Freundschaft, Partnerschaft und

Liebe, hatte es mir angetan. Ich hatte jahrelang das Gefühl, dass ich einfach nicht der Typ Mensch bin, dem generell die Herzen der anderen zufliegen. Ich war nie der Quarterback-Typ, also der Coolste und Bestaussehende in der Schule, der die Clique der anderen coolen Typen anführte. Natürlich wollte ich immer gerne dazugehören, aber ich hatte dauernd damit zu kämpfen, eher der feminine Junge zu sein, der schlecht in Sport war. Weil ich aus dieser Situation heraus nun nicht das widerspiegelte, was allgemein anerkannt war, empfand ich mich auch für Freundschaften, für eine Partnerschaft oder Liebe nicht wertvoll genug. Frauen dachten generell, ich sei schwul, ich wollte aber perfekt und in meiner Vorstellung hetero sein. Wie sollte das jemals zusammenkommen?

Aus diesem Grund habe ich früh angefangen, die Stufe der sozialen Bedürfnisse zu überspringen und mir Wert und Anerkennung durch Statussymbole aufzubauen. Das erschien mir weitaus leichter. Eine Armada von Statussymbolen sollte gleichzeitig von meiner inneren Schwäche ablenken und mich stattdessen größer und wertvoller erscheinen lassen. Also musste es zu meiner Konfirmation natürlich ein Boss-Anzug sein, mein erstes Auto ein neuer VW Golf, und so ging es Symbol um Symbol weiter. Mit meinen Eltern stritt ich mich ohne Ende über diese über unseren Verhältnissen liegenden Luxusgüter. Eigentlich ging es uns zu der Zeit finanziell sehr gut, aber das war zu viel für sie. Ich fing deshalb also auch früh an zu arbeiten, um mir all diese Statussymbole kaufen zu können, die meine Fassade des obercoolen, zu beneidenden Typen untermauern sollten. Der Umstand, immer mehr darstellen zu müssen, als ich eigentlich war, setzte mich dementsprechend ständig unter Druck, und ich bestärkte dadurch immer mehr mein starkes Defizitdenken. Egal, wie viel ich erreichte, es war nie genug und die damit einhergehende Verlustangst war für mich allgegenwärtig.

Nun hatte ich ja bereits in jungen Jahren gelernt, dass ich immer dann Lob und Anerkennung für meine Leistungen erhalte, oder dazugehören kann, wenn ich mich möglichst perfekt verhalte und präsentiere. Deshalb dachte ich während meines Studiums auch nie darüber nach, einen Job zu finden, der mir Spaß macht. Meine Kriterien für einen passenden Job waren eher, ob er mir Ansehen und viel Geld einbringen würde, damit ich meine Statusziele erreichen konnte.

Jetzt, einige Jahre später im Besitz eines aufstrebenden Unternehmens mit vielen Mitarbeitern, merkte ich allerdings, dass ich, wenn ich so weitermache, alles ganz sicher wieder verlieren werde. Die negative Stressspirale hatte mich fest im Griff und entwickelte einen Sog, der mich immer tiefer in sich hineinzog. Früher war ich das gehänselte Opfer und heute war ich zum dominanten Ekel geworden. Ich wusste, wenn ich eine anonyme Umfrage in meinem Unternehmen über mich als Person durchführen lassen würde, wäre das Ergebnis höchstwahrscheinlich vernichtend. Ich hatte ewig lang daran gearbeitet, unantastbar zu sein, um ja nicht mehr fertiggemacht zu werden. Ich führte meine Mitarbeiter mit einer extrem dominanten Art und auch mit meinen Kunden bin ich ziemlich grob umgegangen. Wenn ich mich in die Zeit und die Situationen zurückversetze und selbst von außen betrachte, war ich ein unsympathischer Mistkerl, ein kleiner Diktator, der versuchte, unberührbar auf seinem Thron zu herrschen. In meinen Augen war keiner gut genug, jeder Mitarbeiter war faul und unmotiviert und Recht hatte ohnehin immer nur einer, und das war ich.

Jetzt hatte ich einen Berg an Statussymbolen um mich herum aufgereiht, aber eines hatte ich wieder nicht erreicht: dazuzugehören. Ich war einsam und nur wegen meiner Macht und meines Einflusses geduldet und respektiert, aber nicht geliebt. Ich zog die Notbremse und hatte nun endlich den Mut, mich mit der dritten Stufe der Bedürfnispyramide, den sozialen Beziehungen, auseinanderzusetzen.

Als ich das erste Mal mit den Themen Betriebsklima und Unternehmensphilosophie um die Ecke kam, dachte jeder nur: Was will der denn schon wieder? Ich hatte mir zum Ziel gesetzt, die Stufe drei der Bedürfnispyramide auch in Bezug auf mein Unternehmen in Angriff zu nehmen. Doch dieses Projekt sollte länger dauern als geahnt, denn auch wenn man endlich offen für Feedback ist, muss man die Meinungen erst mal annehmen und zulassen können. Es war kein leichter Weg für mich, Lob, Anerkennung und Liebe zu schenken, denn ich hatte ja viele Jahre genau das Gegenteil versucht. Es erschien mir viel zu gefährlich, mich zu öffnen, mich selbst anzunehmen und Lob auszusprechen. Der größte Kampf meines Lebens hatte begonnen, der Kampf, mich selbst mit all meinen Fehlern und Schwächen zu akzeptieren, anzunehmen und zu lieben. Ich musste zudem den Mut aufbringen, meine Fehler und Schwächen auszusprechen. Gleichzeitig durfte ich keine Angst davor haben, möglicherweise genau dafür von meinem Thron gestürzt zu werden. Bei meinen Mitarbeitern hatte ich Angst, dass sie mir auf der Nase herumtanzen, wenn ich mich mal gehen lasse und keine Lust habe, etwas zu machen. Und bei meinen Investoren hatte ich die Sorge, dass sie mir nicht mehr folgen würden, wenn ich eine Marketingfrage oder eine Frage zur Zukunft des Unternehmens nicht gleich beantworten kann. Das musste ich lernen, auszuhalten.

Am allerschlimmsten erging es mir aber im Privatleben. Der perfekte Jens ohne Gefühle, der immer alles im Griff hatte, sollte auf einmal genau das Gegenteil machen, Emotionen zulassen und sie idealerweise auch zeigen. Dabei war damals meine größte Sorge, wie meine Handvoll Freunde damit umgehen würde, wenn ich mich oute. Ich hatte große Angst, sie zu verlieren, weil ich nicht damit gerechnet habe, dass sie damit umgehen können. Aber wer mich kennt, weiß: Wenn ich mir etwas vornehme, wie in dem Moment das Outen, setze ich das mit maximaler Motivation um. Ich lernte damals sehr viel über mich und meine Umwelt und zu meiner eigenen Verwunderung klärte sich zu der Zeit extrem viel in meinem Leben. So merkte ich, dass mir die Menschen durch meine neu gewonnene Ehrlichkeit und meine neue Art, offen über meine Gefühle zu sprechen, sehr viel näher kamen, als ich es jemals erahnt hätte. Mit der Zeit folgten mir meine Geschäftspartner und Mitarbeiter nicht mehr des Gehalts wegen, sondern vielmehr freiwillig und motiviert, weil wir auf einer Augenhöhe respektvoll und als Team zusammenarbeiteten. Ich merkte auf einmal, wie viel mehr Spaß die Arbeit machte, und wie motiviert jedes Mitglied der Unternehmensgruppe wirklich war. Das hatte ich vorher nie wahrgenommen. Letztendlich passierte natürlich nichts Dramatisches, als ich mich outete. Außer vielleicht, dass ich niemandem mehr etwas vorspielen musste und authentisch sein konnte. Für mich änderte das sehr viel und meine Mitmenschen wussten endlich, was sie von mir zu halten hatten.

Mittlerweile lebe ich seit drei Jahren in einer glücklichen Beziehung mit einem Mann und bin bereit, mich zu öffnen und verletzlich zu sein. Ich bin bereit, Nähe, echte Gefühle und Liebe zu geben, und habe gelernt, dass ich mit dieser entwaffnenden und ehrlichen Art weit mehr zurückbekomme, als ich jemals gedacht hätte. Was ich ebenfalls festgestellt habe, ist, dass ich erst durch das Erreichen der anderen Stufen der Bedürfnispyramide stark und einsichtig genug war, diese mir noch fehlende Ebene in Angriff zu nehmen. Ein, zwei, vier und fünf hatte ich begriffen, die dritte Stufe war meine besondere Aufgabe. Ich merkte, wie mein Leben sich ohne dieses Defizit vollständiger anfühlte und ich dadurch insgesamt auch ruhiger und gelassener wurde. Jetzt, wo ich die Antworten auf meine Fragen hatte, konnte ich Schritt für Schritt daran arbeiten, mein Leben zu entschleunigen, und das Gefühl der Rastlosigkeit befriedigen, um endlich dem Ziel näher zu kommen, alles unter einen Hut zu bringen.

Ich bin bereit, mich zu öffnen und verletzlich zu sein

Letztendlich entsteht Stress allein im Kopf und hat immer etwas damit zu tun, dass unsere Verlustängste bedient werden oder wir uns mal wieder mit anderen vergleichen, anstatt bei uns zu bleiben.

Ich bin jetzt 35 Jahre alt geworden und muss feststellen, dass ich trotz aller Niedertracht und aller Verletzungen, die ich erlitten habe, immer noch lebe – und das sogar glücklicher denn je. Deshalb werde ich trotz der ungewissen Zukunft und des Wissens darum, dass ich alles, was ich momentan besitze, auch wieder verlieren kann, angstfrei in die Zukunft blicken und den Stress in meinem

Kopf einfach nicht mehr zulassen. Nichts Geringeres ist mein Ziel für die nächsten Jahre, um mehr Ruhe und Gelassenheit zu leben, denn nur dann kann ich den Porsche, der mit lautem Getöse im McDrive um die Ecke biegt, entspannt vorbeiziehen lassen und wertfrei betrachten. Ich möchte selbstbestimmter sein und immer dem großen Ziel nacheifern, dass ich mit dem, was ich tue, glücklich bin.

Was sind deine Ziele? Was ist dir wirklich wichtig und wie viel Zeit nimmst du dir dafür?

Ich bin der Meinung, dass es bei jedem möglich ist, alle Wünsche unter einen Hut zu bringen, denn ich bin auch dahintergekommen, warum es nie so richtig geklappt hat. Das Einsame-Insel-Beispiel versuche ich im Übrigen einen großen Raum in meinem Leben einnehmen zu lassen, weil ich gemerkt habe, dass ich mich dann schnell wieder von Gedanken der Erpressbarkeit, Abhängigkeit und Angst lösen kann. Dadurch ist es mir auch gelungen, ähnlich wie das allmorgendliche Zähneputzen, im Hier und Jetzt zufrieden und glücklich zu sein – einfach weil ich jetzt weiß, warum ich früher immer so rastlos und ungeduldig war.

Auch wenn mal neue, unvorhergesehene Situationen auf mich zukommen oder ich verletzt werde, so habe ich gelernt, es zu akzeptieren und anzunehmen. Das gehört zum Leben und dementsprechend nehme ich mir auch Misserfolge nicht mehr so schwer zu Herzen.

Kapitel 4 – Was wäre, wenn du nur noch ein Jahr zu leben hättest?

Auf die Idee, dieses Kapitel mit einer derart aufrüttelnden Überschrift in mein Buch aufzunehmen, bin ich während eines Mitarbeiter-Coachings gekommen. Ich merkte in den letzten Jahren in Seminaren und Einzelcoachings immer wieder, dass die meisten Menschen ihre Gedanken über ihre Ziele, Wünsche und Werte im Leben nicht in die Tat umsetzten. Viele waren sogar ziellos und konnten mir nicht mitteilen, wohin es für sie in den nächsten Jahren gehen soll. Ebenfalls unklar waren auch oft die Motive hinter den eigenen Zielen oder Wünschen. Zudem war es den Beteiligten häufig nicht bewusst, wie sie im Austausch mit ihrer Umwelt agierten oder wahrgenommen wurden. Bevor ich überhaupt auf Probleme einging, für die ich ursprünglich gerufen wurde, forcierte ich zunächst diese Themen, weil ich an mir selbst gemerkt hatte, dass sich durch die Klärung der großen Überschriften meines Lebens die kleinen sehr schnell von allein in Ordnung brachten.

Wenn du wüsstest, dass du nicht mehr alle Zeit der Welt hast, sondern genau überlegen müsstest, was du mit der limitierten, noch verbleibenden Zeit anfängst, was wäre das? Was würdest du in dem einen Jahr machen und erreichen wollen? Auf was würdest du sofort verzichten? Was würdest du dir nicht mehr gefallen lassen? Was würdest du einfordern?

Die letzte, fünfte Stufe der Maslowschen Bedürfnispyramide beschäftigt sich intensiv und ausschließlich mit der Frage der Selbstverwirklichung. Es geht dabei um die tief sitzenden, geheimen Wünsche, die in uns schlummern. Je älter wir werden, umso mehr haben wir uns durch unser Umfeld daran gewöhnt, sie nicht mehr wirklich wahrzunehmen, weil wir damit beschäftigt sind, tagaus, tagein einem Job nachzugehen, um unseren Lebensunterhalt zu bestreiten. Aus Existenz- und Verlustängsten heraus trauen wir uns nicht, frei und unverblümt unsere Gefühle zu äußern – doch wofür das alles?

Das kann ich morgen auch noch erledigen!

Ich habe für mich festgestellt, dass es bei dem Thema Selbstverwirklichung nicht darum geht, wie viele materielle Dinge ich besitze, sondern vielmehr, was ich zurückgeben kann, um andere glücklich zu machen. Wie ich feststellen konnte, hat die Überschrift dieses Kapitels eine beschleunigende Wirkung auf unsere Gedanken. Die Limitierung des Faktors Zeit lässt uns auf einmal beginnen, über das Thema Selbstverwirklichung ganz anders nachzudenken. Die Aussage »Das kann ich morgen auch noch erledigen!« erhält eine ganz neue Bewertung, denn morgen ist schon schneller da, als man gedacht hätte. Auf meiner Suche nach weiteren Erkenntnissen zu diesem Thema habe ich Freunde und Kollegen gebeten, sich in diese Situation zu versetzen und wurde in meinen Ansichten nur allzu sehr bestätigt. Die meisten Befragten regelten zunächst einmal ihre Finanzen. Das genaue Wissen um den Zeitpunkt des Todes hat viele dazu veranlasst, sich auch gleich mit der Bestattung und den damit verbundenen Kosten auseinanderzusetzen. Interessant, dass wir uns zu Lebzeiten keinerlei Gedanken darüber machen, weil wir ja insgeheim immer hoffen, dass dieser Tag noch weit entfernt ist. Mit den Finanzen verbunden war bei den Befragten auch der Wunsch, denkbar lange unabhängig zu bleiben, um möglichst niemandem zur Last zu fallen, selbst nach dem Tod nicht. Wenn also auch der Nachlass und der Leichenschmaus geregelt waren, wollten die meisten der Befragten noch einige Reisen unternehmen. Mein Partner hatte dabei die konkreteste Vorstellung: Er würde gerne noch einmal eine Münze rücklings in die Fontana di Trevi werfen, sich »Die Fledermaus« in der Wiener Staatsoper anschauen, die Akropolis in Athen besichtigen, die Oper »Aida« mit einer Besichtigung der Pyramiden kombinieren, und am Ende noch viele Winzer in Südafrika besuchen.

Als Nächstes kamen die Befragten zu den gefühlsmäßig anspruchsvolleren Themen, den harten Geschützen. Voller Demut möchten sie sich größtenteils mit ihren Feinden aussöhnen und Unausgesprochenes aussprechen, um dadurch ihren Frieden zu finden. Auf einmal wurden viele extrem mutig und öffneten sich, als es um die Liebe und ihre Gefühle ging. Mein Partner zum Beispiel würde mich gerne in der Öffentlichkeit küssen, was wir bis jetzt nicht machen, weil wir die möglichen Reaktionen scheuen, die man uns entgegenbringen könnte. Oder besser gesagt, wir sind uns noch an dieser Stelle selbst peinlich, wenn ich ehrlich bin. Andere trauten sich auf einmal viel mehr Leidenschaft in der Partnerschaft zu und würden intime Wünsche aussprechen, die noch unbekannt sind. Die kurze, verbleibende Lebenszeit sollte beispielsweise noch den ultimativen Orgasmus bescheren.

Ebenfalls hoch im Kurs bei den Befragten standen rauschende Feste, für die man mit seinen Freunden nach Los Angeles und Las Vegas fliegen möchte, um noch einmal alles zu geben. Mein langjähriger und bester Freund Daniel teilt sich die Reise sogar auf. Zunächst möchte er gerne Partywochenenden auf Ibiza feiern und anschließend, was mir besonders gut gefiel, mit einer kleinen Gruppe von Freunden draußen in der Natur einen Wanderurlaub unternehmen. Natürlich nur mit dem Nötigsten, ohne jedwede kommerzielle Ablenkung.

Die Befragten, die bereits Kinder haben, wollten schöne Andenken schreiben oder Briefe, beispielsweise zum 18. Geburtstag, den man nicht mehr erleben würde. Mein Kollege Mathias hat bereits erwachsene Kinder, denen er gerne in einem beschleunigten Fortgeschrittenenkurs die Werte vermitteln und mitgeben möchte, die ihm wichtig sind und die er bislang noch aufgeschoben hatte in der Erziehung. Diese Beschreibungen brachten mich unweigerlich zu der Frage, welche Spuren wir hinterlassen möchten, wenn wir nicht mehr sind.

Sich nicht mehr die Zeit für unbefriedigende Beziehungen nehmen

Hier beginnt das Thema Egoismus, weil ich denke, dass man sich nicht mehr die Zeit für unbefriedigende Beziehungen nehmen würde, die ziellos dahindümpeln und einem keine persönliche Befriedigung bringen. Auch würde man sich ein schlechtes Verhalten von seinen Kollegen oder seinem Chef nicht mehr einfach so gefallen lassen, weil es einem egal wäre, ob man gekündigt wird oder nicht. Man würde den Menschen Grenzen aufzeigen. Eine Freundin von mir würde sich gerne mit einem ganz besonderen Projekt einen Herzenswunsch erfüllen: Sie würde all ihre Besitztümer verkaufen, nach Afrika gehen und dort mit dem Geld eine Schule bauen, um ihren Beitrag zu leisten und etwas zurückzugeben. Zwei andere Freunde wollten gleich eine Allee von Apfelbäumen pflanzen, um einen unverwechselbaren Abdruck zu hinterlassen – etwas, das weiterwächst, während man selbst nicht mehr da ist.

Ich musste bei meiner Auseinandersetzung mit dem Thema immer wieder feststellen, dass es am Ende nur darum geht, was wir erlebt haben – und welche Erinnerungen die Menschen nach unserem Tod mit uns verbinden sollen. Diejenigen, die schon heute einen Job ausüben, der sie erfüllt und ihnen Freude bereitet, würden ihn nicht sofort aufgeben, sondern weiterarbeiten, um dort auch am Ende einen guten Eindruck zu hinterlassen. Mein Partner Uli ist Anwalt. Er ist in der Grundausrichtung eher solide, geradlinig und gesetzestreu. Wenn er allerdings nur noch ein Jahr zu leben hätte, würde er sich einen Kredit bei der Bank besorgen und mit dem Geld um den gesamten Globus reisen. Diese Information war für mich amüsant und aufschlussreich zugleich: mitzubekommen, wie frei und ungehemmt er auf einmal doch wäre.

Interessanterweise stellte ich fest, dass sich die Befragten grundsätzlich in zwei Gruppen aufteilen ließen. Völlig unabhängig vom Alter, ob 50 Jahre oder 25 Jahre alt, hat sich ein Teil bei der Frage umgehend positiv und interessiert gezeigt und Wünsche und Situationen genannt, die sie gern noch erleben würden. Darüber hinaus gaben einige der Befragten sogar an, dass ihnen gar nichts einfällt, was sie verändern würden, weil ihr Leben, so wie es ist, ihnen gefällt und alles in Ordnung ist. Es gab vielleicht den Wunsch, weniger zu arbeiten und dafür etwas mehr Zeit mit der Familie, Freunden und den Hobbys zu verbringen, aber ansonsten äußerten die Befragten keine besonderen Änderungswünsche.

Die zweite Gruppe dagegen wollte die Frage zunächst nicht beantworten. Sie fanden sie zum einen pietätlos und zum anderen würde sie die Frage emotional runterziehen. Für mich war interessant, zu erkennen, dass es sich bei dieser zweiten Gruppe genau um die Menschen handelte, die noch auf der Suche waren. Ich wusste aus Gesprächen und meiner eigenen Beobachtung, dass ihre Zielfindung oder Wertebegutachtung noch in vollem Gang war. Meine zusätzlich provozierende Frage hat den Umstand, dass sie noch keine Lösung parat hatten, noch einmal verschlimmert und den Druck erhöht. Insofern konnte ich auf der einen Seite diese ablehnende Reaktion durchaus verstehen, denn ich befand mich vor nicht allzu langer Zeit auch noch in einem Konflikt mit mir. Eine Befragte war 50 Jahre alt und hatte sich jüngst nach 30 Jahren Ehe scheiden lassen, wobei nicht sie diejenige war, die die Scheidung eingereicht hatte. Sie litt aktuell völlig unter dem Verlust der Partnerschaft und brach bei der Frage nahezu in Tränen aus, weil sie sich zurzeit verständlicherweise einsam und allein fühlte.

Konflikte, die man mit anderen hat, sind Konflikte, die man bei sich selbst bereinigen sollte

Ich wende bei Konflikten im Coaching immer gerne den folgenden Satz an, der auch gut auf diese Situation passte: Konflikte, die man mit anderen hat, sind Konflikte, die man bei sich selbst bereinigen sollte. Im Grunde konnte ich bei der Befragung sehen, wer bereits im Reinen mit sich war und wer noch Konflikte mit sich und damit auch mit seiner Umwelt austrug. Diejenigen, die sich mit der Frage provoziert fühlten, waren auch diejenigen, die es beim Nachdenken über diese Frage belastete, dass sie noch nicht das Ergebnis erreicht hatten, was ihnen am Ende vorschwebte.

Übrigens gab interessanterweise in keinem einzigen Gespräch jemand an, er wollte einfach nur glücklich sein. Es ist das natürlichste der Welt, aber keiner hatte es formuliert. Vermutlich waren all die Erledigungen, die die Befragten noch vorhatten, die Transportmittel zu ihrem ganz persönlichen Glück und ihren finalen Seelenfrieden.

Die Frage ist jedoch, warum handelten alle erst bei der zeitlichen Limitierung klar und fokussiert, vorher aber nicht? Warum halten wir uns nicht jeden Morgen die Kapitelüberschrift vor Augen und überlegen: Was ist heute wichtig und was nicht?

Es gibt Themen, die wir gerne vor uns herschieben und nicht erledigen möchten, obwohl es eigentlich wichtig und nötig wäre, sich damit auseinanderzusetzen. Dann wiederum halten wir gerne allzu oft an Dingen fest, die schlecht für uns sind. Wir verschwenden häufig sehr viel Zeit damit, Entscheidungen abzuwägen, und kommen vor lauter Hin und Her zu keiner zufriedenstellenden Lösung. Es fehlt der Mut, sich in eine Richtung zu bewegen, die eine Veränderung im Leben bedeuten könnte, weil der Ausgang noch ungewiss ist. Auch wenn die Veränderung eine Besserung bringen würde, die Möglichkeit wird nicht wahrgenommen. Dann doch lieber in den altbekannten Pfaden sein Dasein fristen, da weiß man, was man hat. Genau aus diesem Grund habe ich versucht, eine Überschrift für dieses Kapitel zu finden, die auf den Punkt bringt, was auf dem Spiel steht. Wo stehst du im Moment und welche Gedanken kommen dir, wenn du die Überschrift auf dich wirken lässt? Schreib dir auf, woran du in diesem Zusammenhang denkst. Hast du das Gefühl, in deinem Leben angekommen zu sein? Wenn ja, was macht dich da sicher, und wenn nein, welche Veränderungen machen dir Angst, welche Ängste halten dich ab?

Welche Veränderungen machen dir Angst, welche Ängste halten dich ab?

Was ist am Ende eines Lebens wohl schwerer zu ertragen, es versucht oder es nicht versucht zu haben? Eins kann ich an dieser Stelle von mir selbst sagen: Noch bis vor nicht allzu langer Zeit hätte ich bei diesem Kapitel mit Unverständnis und Ablehnung reagiert. Nicht nur, weil ich dachte, ich könnte mich solch tiefgreifenden und kritischen Themen nicht öffnen, sondern weil ich es aus Angst und fehlendem Mut nicht wollte. Mit der Entscheidung, nicht mehr länger Opfer, sondern Macher zu sein, kam auch der Sinneswandel in meinem Leben. Den Mutigen gehört die Welt! Das Leben mit all seinen Möglichkeiten zu erfahren, ist ein Muss.

Denke immer daran, dass es schneller vorbei sein kann, als du gucken kannst.

Je mehr ich bei mir auf den Trichter kam, mein Leben nach meinen konkreten Vorstellungen zu leben, desto mehr achtete ich auch bei meinen Coachings als Trainer darauf. Wenn ich zu Coachings gerufen werde, ist es meistens schon Beschwerdemanagement. Es kommt nicht selten vor, dass die beteiligten Arbeitgeber und Mitarbeiter schon lange nicht mehr so miteinander kommunizieren, wie es eigentlich die Regel sein sollte. Daraus entsteht dann nicht selten eine existenziell gefährliche Situation für den Betrieb insgesamt. Zu dem Kommunikationsproblem untereinander kommt also noch aus betriebswirtschaftlicher Sicht der Zahlendruck hinzu. Hier muss ich gleich mit Nachdruck darauf hinweisen, dass häufig weder das Produkt, die Branche oder die Kunden an der misslichen Lage schuld sind, sondern ausschließlich die schlechte oder fehlende Kommunikation zwischen den Chefs und den Mitarbeitern.

Probleme kommen letztlich nie dort zum Ausbruch, wo sie entstanden sind

Gleiches gilt im Grunde auch für das Privatleben, denn mit der liegengelassenen Socke fängt das an, was irgendwann die Trennung wird, und sehr oft haben die betreffenden Personen nichts gemerkt, weil sie nicht mehr miteinander gesprochen haben. Probleme kommen letztlich nie dort zum Ausbruch, wo sie entstanden sind. Das ist ein Leitsatz aus meinen Beratungen, denn genau das finde ich letztendlich im Laufe meiner Coachings heraus. Durch eine liegengelassene Socke allein kommt es noch nicht zur Trennung und genauso entsteht auch keine Unternehmenskrise, weil in einem Monat die Umsätze schlechter sind als sonst. Die eigentliche Problematik liegt wie so oft viel tiefer und hat ursprünglich damit zu tun, wie ich selbst auf Schwierigkeiten reagiere. Wenn ich immer die anderen oder die Umstände für meine eigene misslichen Lage verantwortlich mache, wird sich weder etwas ändern noch werde ich mich weiterentwickeln. Fang an, offen und ehrlich auszusprechen, was nicht stimmt. Nichts sagen verursacht im Zweifel nur Magengeschwüre. Nenn die Dinge beim Namen, ohne Angst davor zu haben, einen auf den Deckel zu bekommen. Das gilt übrigens genauso für eine gute Ehe, in der die gegenseitige Aussprache die Vertrauensgrundlage bildet. Immer wieder höre ich von Mitarbeitern, dass sie aus Angst vorm Jobverlust ihren Ärger lieber herunterschlucken, als ihn auch nur einmal auszusprechen. Auch Chefs und Führungspersonen haben Angst davor, Fehler zu machen. Sie fürchten sich davor, zu versagen, und haben Angst davor, dass die eigenen Mitarbeiter den Respekt verlieren und sie dadurch ihre Machtstellung und ihre Glaubwürdigkeit einbüßen.

Gerufen werde ich also oft, wenn es zwischen den Chefs und den Teams nicht mehr funktioniert. Das Problem fängt aber oftmals viel früher an, zum Beispiel bereits bei der Einstellung von Mitarbeitern, bei der eklatante Fehler gemacht werden können.

Wenn ich den Chef frage, welche Mitarbeiter genau er für bestimmte Tätigkeitsfelder sucht und wo er sie herbekommt, herrscht meist schon Ruhe. Die meisten Chefs wissen gar nicht genau, wie und was sie suchen sollen. Ihnen fehlt die Klarheit, nach welchen Kriterien sie ein neues Teammitglied eigentlich suchen sollen. Dementsprechend unpräzise verläuft auch das Vorstellungsgespräch. Gleiches gilt wiederum für die Bewerber. Ich habe viele Gespräche, in denen die Bewerber nicht richtig vorbereitet sind und sich zudem auch nicht wirklich gut verkaufen können. Wenn ich jemanden für den Vertrieb suche, der sein Gehalt nicht knallhart verhandelt, stelle ich diese Person beispielsweise erst gar nicht ein, aber das ist nur ein kleines Beispiel von vielen. Mir geht es hier darum, aufzuzeigen, dass viele Arbeitgeber aus der Not in brenzligen Situationen gleich den erstbesten Bewerber einstellen. Das ist auf Dauer für beide Seiten kontraproduktiv. Wenn ich dann nachfrage, wie es zu dem Team gekommen ist, dann kommen schnell Ausflüchte wie, dass man ja auf dem Arbeitsmarkt keine guten Mitarbeiter finden würde. In dieser Situation bin ich dann sehr konsequent und halte zunächst einmal den Spiegel vor, um dem Chef klarzumachen, dass er weder ein Mitarbeiter- noch ein Kundenproblem, sondern vielmehr ein Chefproblem hat. Aus meiner Erfahrung heraus kann ich sagen, dass Chefs das Zünglein an der Waage sind und allzu oft das Problem darstellen. Klar, dass mich jetzt ebendiese fragend anschauen, wenn ich so etwas in meinen Beratungen sage. Bevor ich anfange, meiner Umwelt gegenüber Schuldzuweisungen auszusprechen, muss ich erst einmal mich selbst kritisch in Augenschein nehmen. Wenn ich dem Chef sage, dass er mit diesem Team und ganz besonders mit seiner Art, als Chef zu agieren, bald pleitegeht, dann höre ich oftmals nur Verteidigungen und Ausflüchte. Wenn ich dann schließlich zum Beschwerdemanagement oder zur Schadensbegrenzung geholt werde, also dann, wenn das Unternehmen zum Überleben nur noch weniger als ein Jahr zur Verfügung hat, dann hören die Herrschaften auf einmal sehr genau zu, aber warum eigentlich erst dann? Das ist nicht unbedingt die Liga, in der erfolgsorientierte Menschen sich bewegen, denn diese handeln proaktiv und strategisch – und das nicht erst in der Krise.

Sich selbst kritisch in Augenschein nehmen

Zunächst einmal muss ich wissen, was ich im Leben will. Dem komme ich näher, wenn ich mir Ziele setze und diese auch klar kommuniziere. Genau an dieser Stelle hapert es sehr oft auf der Führungsebene, wie ich mit Erschrecken feststellen muss. Wenn ich dem Bewerber jedoch im Gespräch meine Ziele kommuniziere, also meine klare Erwartungshaltung mitteile, sind wir schon ein großes Stück weiter, denn dann kann der Bewerber entscheiden, ob er dabei sein möchte oder nicht. Wenn ich meine Ziele kenne, weiß ich, wo es langgehen muss, um sie zu erreichen. Dann bin ich konsequent, diszipliniert und klar in meinen Handlungen, denn ich suche keine Ausflüchte und Schuldigen, sondern Lösungen. Die Mitarbeiter nehmen das wahr und folgen mir, weil ich dem Unternehmen damit eine Richtung gebe.

Auf das Privatleben übertragen verhält es sich genauso. Der Eklat mit der liegengelassenen Socke hat letztendlich viel früher angefangen und in der Summe der nicht ausgesprochenen Gefühle kommt der Vulkan dann ausgerechnet bei der nächsten Socke zum Ausbruch. Hinter den zurückgehaltenen Emotionen steckt die Angst, allein zu sein, oder aber die Unsicherheit, nicht genau zu wissen, ob der gewählte Partner wirklich zu mir passt. Aus dem Ganzen entsteht ein Gefühlskonflikt, der sich regelmäßig seinen Weg in die entsprechenden Situationen sucht. Und weil es leichter ist, über die Socke als über das eigentliche Problem zu sprechen, dauert es oftmals viele Jahre, bis der Tropfen fällt, der das Fass zum Überlaufen bringt. Dabei könnte man es so viel leichter haben. Einfach zu seinen Gefühlen stehen und miteinander sprechen.

Bei meinen Coachings nehme ich die »Ja, aber …«-Aussagen wahr, speichere sie ab und gehe zunächst über zu den messbaren Größen, die mir einen Blick für die Gesamtsituation geben. Gerade bei Chefs und Führungspersonen, die keine guten Zahlen schreiben, fällt mir auf, dass sie meist keine konkreten Umsatzziele mit ihrem Team vereinbart haben. Auch werden demzufolge keine Analysen vorgenommen, die einen Hinweis darauf geben könnten, warum der Erfolg sich nicht einstellt. Bei der ersten Konfrontation mit diesem Thema kommen wie so oft die klassischen Ausflüchte, warum es nicht funktionieren konnte. Entweder liegt es an der Region, den Kunden, die das Produkt in diesem Gebiet einfach nicht wünschen, oder der Wettbewerb ist schuld – und schließlich kommen noch aktuelle Lebensprobleme, die in die Firma transportiert werden. Die Liste ist lang. In dem Moment scheint niemand optimistisch zu sein. Wenn ich danach frage, was die Situation hätte verändern oder retten können, schlägt mir, wenn überhaupt, nur ein Hauch an Möglichkeiten entgegen. Keine Frage, auch die Motivation ist in solchen Situationen einfach im Keller. Niemand hat eine Ahnung davon, wo es mit dem Unternehmen hingehen soll. Dann geht es natürlich weiter, ich muss konkreter werden. Ich will wissen, wie oft Teammeetings stattfinden und was genau gemacht wird, um die Kommunikation untereinander zu verbessern. Letztendlich möchte ich herausfinden, was die gegenseitige Erwartungshaltung ist. Es wird schon wieder still und ich bekomme zu hören, dass man sich alle vier bis sechs Wochen mal zusammensetzt. Wenn ich dann wissen möchte, was genau in diesen Meetings besprochen wird, schlägt mir wieder eine beißende Stille entgegen. Keiner traut sich, die wirklichen Probleme oder Herausforderungen auszusprechen, und so führen mir Chefs und Mitarbeiter ein Verdrängungstänzchen vor, in dem eher das, was nicht sein sollte, im Vordergrund steht.

Weil es so schön ist, komme ich wieder auf das Privatleben zu sprechen. Hand aufs Herz, wie oft nimmt man sich nach einem harten Arbeitstag vor, über seine Partnerschaft nachzudenken, um dann mit seinem Liebsten in ein gefühlvolles Gespräch bei Kerzenschein überzugehen? Und dann überwiegt plötzlich doch vielmehr das Gefühl, sich still zum Runterkommen gemeinsam vor den Fernseher zu setzen. Miteinander gesprochen wird erst, wenn es so richtig knallt und man dann völlig hilflos um sich schlägt und die liegengelassene Socke hervorkramt.

Wenn ich für alles eine Ausrede im Leben habe, habe ich keine Ziele, die ich erreichen möchte

Wie oft denkst du über dich selbst nach oder hinterfragst deine Handlungen? Was ist dir wichtig im Leben und wie lange willst du noch warten, um Lösungen zu finden?

Wenn ich ein Ziel im Leben habe, muss ich natürlich etwas dafür tun. Egal, wie ich es drehe oder wende, ich stelle immer wieder fest, dass sich die Menschen nicht selbstkritisch ins Visier nehmen. Mag sein, dass hier Ängste am Werk sind und ans Tageslicht kommen könnten, die man weder vor dem Chef und erst recht nicht vor sich selbst zugeben möchte. Aber dann brauche ich mich, bitte schön, auch nicht über mein Leben beschweren und mich wundern, dass ich keinen Erfolg habe oder nicht glücklich bin. Wenn ich für alles eine Ausrede im Leben habe, habe ich keine Ziele, die ich erreichen möchte. Dann doch lieber von der Hoffnung erfüllt sein, dass in Zukunft die Zahlen bestimmt besser werden oder wie aus dem Nichts auf einmal ganz viele Kunden Schlange stehen. In dieser Vorstellung gefangen vergehen oft Tage, Monate und sogar Jahre, ohne dass sich wirklich etwas verändert. Das ist häufig der Moment, in dem ich während meines

Coachings die Werte im Leben ins Gespräch bringe. In der Regel schauen mich die Beteiligten, Chefs und auch Mitarbeiter, überrascht an und meinen, dass dieses Thema doch eher ins Privatleben gehört.

Glücklicherweise habe ich selbst ausreichend Erfahrung in dem Bereich gesammelt, sodass ich durch eigene Beispiele die Atmosphäre auflockern kann, und wir diesbezüglich erfolgreich weiterkommen. Hier erkläre ich zunächst, dass man, ob privat oder im Geschäftlichen, immer dieselben Werte als Mensch hat. In unserer Firma nennen wir die Gespräche zu den gegenseitigen Erwartungshaltungen die sogenannten Inselgespräche. Ich male beispielhaft drei Inseln auf. Die eine bewohnt der Chef, die andere der Mitarbeiter und auf der dritten Insel befindet sich das Firmengebäude. Sowohl Chef als auch Mitarbeiter haben auf ihren individuellen Inseln ihre Erfahrungswerte, ihre Prägungen, ihre Stärken und Schwächen, ihre Ängste und Sorgen und ihre Ziele, Träume und Wünsche. Allmorgendlich steigen beide in ihr Boot, um zu der Insel mit dem Firmengebäude zu paddeln, denn dort werden die Brötchen verdient. Auf dieser Insel treffen nun zwei Individuen aufeinander und zudem kommt die Firma mit dem Hauptziel, Umsatz und Gewinne zu produzieren, hinzu. Jetzt sollten die Zahnräder alle optimal ineinanderlaufen, damit ein gutes, motivierendes Klima herrscht.

Wir machen uns in regelmäßigen Abständen mit Fragebögen und Meetings zu den Werten und Wünschen eines jeden Beteiligten sehr viel Arbeit, um allen Erwartungen gerecht zu werden, denn nur dann kann erfolgreich gearbeitet werden. Hierzu ist eine vertrauensvolle Atmosphäre, in der sich alle Beteiligten öffnen und ehrlich zu ihren Gefühlen stehen, unumgänglich. Die Chefs haben bei dieser Aufgabe in der Regel das größere Problem. Ihre Position erlaubt es ihnen schließlich nicht, Schwäche zu zeigen – und was passiert mit dem Respekt und dem Ansehen, wenn sie zugeben, dass auch sie Angst haben und von Sorgen geplagt werden?

Ich bin der Meinung, dass unsere Werte nicht nur in das Privatleben gehören. Zunächst ist es nicht unwichtig zu wissen, was wir als erstrebenswert, gut und wertvoll betrachten, weil das unser Tun beeinflusst. Nur wenn ich weiß, was meinen Chef oder meine Kollegen in dieser Hinsicht bewegt und berührt, kann auch ich mich in gleichem Maße öffnen und mitteilen.

Nichts anderes möchte ich mit diesen Inselgesprächen erreichen. Ich erkläre allen Beteiligten im Anschluss, wie wir diese Beweggründe auf der Insel des Unternehmens zusammenführen können, und das bringt uns einen großen Schritt weiter. Ziel ist es schließlich, als wirkliches Team in Zukunft erfolgreich miteinander tätig zu werden. Wie mein Partner Uli immer so schön zu mir sagt: »Nimm die Menschen, wie sie sind, es gibt keine anderen!« – ich kläre die Schwierigkeiten allerdings lieber gleich im Team. Das Hauptproblem dabei ist ohnehin erst einmal, alle Beteiligten dazu zu bewegen, sich mitzuteilen und zu öffnen. Insofern sind Werte ein wunderbarer Einstieg, weil ich im Anschluss natürlich auch auf die Kehrseite, unsere Sorgen und Ängste zu sprechen kommen möchte. Die sitzen in der Regel tief und dann sind da noch die anderen, die in Spott und Gelächter ausbrechen könnten.

Die prägendsten und zugleich hartnäckigsten Vorstellungen tragen wir seit unserer Kindheit mit uns herum. Zudem gibt es zahlreiche Situationen im Leben, die uns prägen, in denen wir uns im wahrsten Sinne des Wortes die Finger verbrennen. Wir werden in der Folge vorsichtiger und bedenken immer öfter eher die Risiken, überlegen hin und her, anstatt einfach einen mutigen Schritt nach vorn zu wagen. Wir haben Angst. Da wären die Verlustängste und die Versagensängste und diese enden beide in der finalen Angst vor Ablehnung. Wir holen sie hervor, um uns vor bestimmten Erfahrungen zu schützen und Schmerzen zu vermeiden. Ähnlich einem Airbag oder einem großen Schloss an der Haustür bauen wir um uns herum eine Komfortzone auf, die uns vor Verletzungen, Erniedrigungen und Misserfolgen schützen soll. Ab und zu trauen wir uns aus dieser Zone heraus, treten ins Leben und gehen vorsichtig kontrollierte Risiken ein, weil wir als Mensch einfach auch noch andere Bedürfnisse haben, die befriedigt werden wollen. Wir verlieben uns zum Beispiel und gehen trotz der Verletzungsgefahr das Risiko ein, dass unsere Gefühle nicht erwidert werden. Gleiches gilt im Geschäftlichen: Die einen Mitarbeiter fragen mutig nach Karriereperspektiven und mehr Gehalt und andere, die ihren Ängsten und Sorgen den Vorrang einräumen, eben nicht. Die Frage ist am Ende, wer wird im Leben wohl mehr Erfolg haben, die, die fragen, oder die, die es nicht tun? Möchtest du lieber in der sicheren Festung, der Komfortzone des Lebens sitzen bleiben und dich so gut wie möglich beschützen, oder möchtest du doch eher die Pforten öffnen und andere Menschen reinlassen? Die Gefahr besteht durchaus, dass sie dich dann besser kennenlernen und womöglich deine verletzliche Seite sehen. Der Wunsch nach Harmonie und Frieden ist ein stark ausgeprägter Wert unser aller und durch unsere Sorge vor Ablehnung verhindern wir eigentlich, dass wir leben können. Ähnlich verhält es sich mit unserem Gefühl von Geborgenheit. Wir sehnen uns danach, uns sicher und beschützt zu fühlen, und möchten anderen vertrauen, aber unsere Angst vor Ablehnung hindert uns daran, uns zu öffnen. Aber nur wer Vertrauen schenkt und sich öffnet, bekommt auch das Gleiche zurück. Der Zuckerguss auf meiner Liste der erwünschten Werte ist nichts Geringeres als das Streben nach Glück. Schließlich wollen wir alle eine Menge Spaß und Freude an den Dingen haben, die wir tun, und weil es sich um einen inneren Wert handelt, kann es ausnahmslos jeder erreichen.

Neben den Werten in unserem Leben gibt es noch einen Persönlichkeitsanteil, auf den ich zu sprechen kommen möchte: den Egoismus. Wir können ihn grundsätzlich aus der positiven oder negativen Perspektive heraus betrachten. Er spielt aus meiner Sicht eine durchaus große Rolle im Leben und wird allzu oft vernachlässigt. Ohne eine gesunde Portion Egoismus sind wir grenzenlos und inkonsequent und verlieren den Biss, für unsere Wünsche einzustehen. In Coachings stelle ich sehr oft fest, dass der Mut zum Egoismus fehlt, der einem dabei hilft, klare Entscheidungen zu treffen. Warum gibt es cholerische Chefs und Mitarbeiter, die sich das gefallen und sich anschreien lassen? Warum gibt es Mitarbeiter, die Dienstanweisungen missachten und damit das Unternehmen viel Geld kosten? Warum gibt es eigentlich Betrug und Verrat? Dahinter steckt immer ein egoistischer und persönlicher Nutzen, den wir erst einmal so hinnehmen, wie er ist. Schließlich stehen wir morgens alle auf und haben bestimmte Bedürfnisse, aus denen wir unsere Motivation für den Tag ziehen. Am Ende möchten wir aus allen Situationen für uns selbst etwas Positives herausholen. Übrigens, die meisten, die ich mit diesem Thema konfrontierte, fühlten sich unwohl oder sogar ertappt, sodass sie anfingen, sich zu verteidigen, weil es so nicht sei. Aber wenn du wirklich Interesse daran haben solltest, die negativen Anteile in deinem Leben zu verbannen, wirst du nicht umhin kommen, dich auch mit diesem Thema auseinanderzusetzen.

Seien wir ehrlich, verdammt viele Menschen haben Angst davor, ihre Wünsche direkt und unverblümt vorzubringen. Das ist für mich auch durchaus verständlich, weil es viel Mut erfordert, seine Ziele durchzusetzen. Wir haben als Mensch grundsätzlich das Bedürfnis nach Harmonie und scheuen die Einsamkeit. Wenn wir nun überall knallhart unsere egoistischen Ziele durchbringen würden, könnte die Möglichkeit bestehen, dass wir am Ende ohne Job und Freunde dastehen, oder nicht? Das Interessante ist aber, dass ich sowohl in meinen Coachings als auch bei mir selbst feststellen durfte, dass eine gesunde Portion Egoismus, seine Wünsche und Ziele einzufordern, genau die Klarheit und Harmonie bringt, die wir uns wünschen. Ich gebe zu, sich verletzlich und offen dem Kriegsschauplatz des Lebens zu präsentieren und herauszubrüllen »Den Mutigen gehört die Welt!«, birgt ein gewisses Risiko in sich. Es wird natürlich nicht jeder deiner Meinung sein und du wirst dafür vermutlich verbal beschossen werden, aber ich kann dir garantieren, dass der Blick in den Spiegel ein anderer sein wird. Wenn du dann nämlich am Abend in den Spiegel schaust, wirst du erkennen, dass du glücklich und zufrieden bist, weil du klar, konsequent und ehrlich für deine Ziele eingetreten bist.

Jetzt stellt sich doch die Frage, warum es so vielen Menschen nicht gelingt, diesen Schritt zu gehen, und sie stattdessen lieber unzählige Jahre in einer unglücklichen Beziehung verbringen oder sich im Job mobben und erniedrigen lassen, von scheinbar anerkannten, höhergestellten Menschen, ohne sich zu wehren? An vorderster Front stehen unsere Verlustängste. Wir möchten nichts aufs Spiel setzen und nicht das verlieren, was wir uns schon aufgebaut haben. Dadurch verschließen wir uns, ziehen uns zurück in unsere selbstgestrickte Komfortzone und verbarrikadieren die Tür. Die Lösung ist dabei so einfach: offen und ehrlich seine Bedürfnisse vorbringen, seine Gefühle kommunizieren, sich dadurch verletzbar machen und die eigenen Ängste mal beiseiteschieben. Der erste Schritt ist der schwierigste, aber wenn ich erst einmal verstehe, dass mir Klarheit und eine Zielsetzung im Leben viel mehr bringt, setze ich mich damit auch auseinander.

Offen und ehrlich seine Bedürfnisse vorbringen

Ich für mich habe erkannt, dass es keinen Sinn macht, unschöne Situationen einfach hinzunehmen. Allein bin ich auch in einer unglücklichen Partnerschaft und was ich mit einem Job soll, der mich nicht erfüllt, verstehe ich ohnehin nicht. Auseinandersetzungen und Kontroversen spornen einen nicht nur an, auch mal seinen eigenen Blickwinkel zu überdenken, sondern sie geben vor allem neue Perspektiven, die uns weiterbringen.

Ich denke, an dieser Stelle sitzen wir alle im gleichen Boot, weil wir alle Ängste, Sorgen und Nöte haben, die uns viel Energie kosten und uns zusätzlich hemmen, mutige Entscheidungen zu treffen, nur weil wir befürchten, dass wir die Konsequenzen nicht tragen können. Das ist Quatsch, weil wir nicht wissen können, was andere Menschen über uns denken oder wie Situationen ausgehen, wenn wir nicht mutig eingreifen oder uns klar artikulieren.

Es ist im Nachhinein der helle Wahnsinn, wenn ich darüber nachdenke, dass ich bis zu meinem 28sten Lebensjahr die Fassade eines heterosexuellen Mannes aufrechterhalten und Beziehungen mit Frauen vorgeführt habe. Ich habe mich nicht in der Lage gesehen, zu meinen eigenen Gefühlen zu stehen, und zog es vor, den Menschen um mich herum und vor allem mir selbst ein Theaterstück vorzuführen. In den prägenden Jahren bin ich mit dem Bewusstsein groß geworden, dass schwul sein schlecht ist und Schwule ausgegrenzt werden, weil sie einfach nicht normal sind. Es gibt die unterschiedlichste Auffassung darüber, wann sich das vermeintlich schwule Gen in einem bemerkbar macht. Ich bin heute der Meinung, dass man, wenn man es nicht ausgeredet bekommt, von klein auf sehr genau weiß, dass man schwul ist. Mir kam damals nie in den Sinn, meine Umwelt infrage zu stellen, wenn ich gehänselt oder als dumme Schwuchtel beschimpft wurde. Ich hatte ja gelernt, dass ich nicht richtig war, wie ich bin, und so habe ich immer versucht, mich meiner Umwelt anzupassen. Ich wollte männlich wirken, wie ein Macho rüberkommen und versuchte dann auch, in der Pubertät mit den Mädchen in sexueller Hinsicht in Kontakt zu treten. In meinen Beziehungen mit Frauen kämpfte ich dann unentwegt darum, endlich nicht mehr für schwul gehalten zu werden. Aber egal, was ich alles versuchte, ich scheiterte auf ganzer Linie. Mein Gefühl, dass da noch etwas anderes sein muss, das mich noch glücklicher macht, hat mich immer wieder rausgeholt. Es passte eben nicht wirklich und ich empfand nicht das Glück, das ich glaubte empfinden zu können. Je selbstbestimmter und unabhängiger ich wurde, desto mehr baute ich den Mut in mir auf, zu mir und meinen wahren Gefühlen und Bedürfnissen zu stehen. Es kam, wie es kommen musste.

Mein Outing erwies sich als mein Lebens- und Karriere-Booster

Ich hatte eine panische Angst davor mich zu outen, weil ich keine Ahnung hatte, wie meine Freunde und die Mitarbeiter und Kollegen im Unternehmen darauf reagieren würden. Doch im Gegenteil, sie nahmen mich, wie ich bin, und mein Outing erwies sich als mein Lebens- und Karriere-Booster. Eine riesige Last fiel von mir und ich fing an, zu dem zu stehen, wer ich bin und immer schon war: ein Mensch mit egoistischen Bedürfnissen, die ich ehrlich und direkt ohne irgendwelche Ängste auf den Tisch legen konnte. Der Groschen war gefallen, ich war richtig, so wie ich bin und dafür war ich bereit, jedwedes Risiko einzugehen. Es war mir egal, ausgegrenzt oder erniedrigt zu werden. Ich hatte endlich das Gefühl, die

Führung in meinem Leben übernommen zu haben. Auf dem Weg zu meiner Selbstbestimmung war ich einen großen Schritt weiter und konnte den Wunsch loslassen, einer gesellschaftlichen Norm entsprechen zu müssen. Jetzt wollte ich es in erster Linie nur noch mir selbst recht machen und sonst gar niemandem.

Warum das Ganze sich zu einem Karrieresprung entwickelt hat, lässt sich damit erklären, dass ich von da an für meine Umwelt viel authentischer und ehrlicher wirkte. Genau aus diesem Grund ist es mir in meinen Coachings so wichtig, die Teilnehmer dazu zu bewegen, mutiger zu werden. Mein Beispiel macht deutlich, dass ich sicherlich nicht erwarte, dass es sofort passieren muss, ich habe vollstes Verständnis, wenn jemand zögert, weil ich weiß, wie schwer es ist, seine Ängste zu überwinden. Aber mein Beispiel zeigt genauso, wie viel mehr an Lebensqualität wir dadurch in allen Lebensbereichen gewinnen können. Es eröffnen sich auf einmal ungeahnte Möglichkeiten, weil wir Ziele haben, klar und ehrlich kommunizieren, offen bleiben, immer wieder einen anderen Blickwinkel einnehmen und sich uns dadurch Perspektiven öffnen, die wir nicht für möglich gehalten haben.

Ganz ehrlich, ich bin so überglücklich über mein Outing, dass ich mich jetzt im Nachhinein ärgere, so lange damit gewartet zu haben. Ich hätte dann mit den Hänseleien und Anfeindungen viel besser umgehen können, ich hätte Stellung bezogen, weil ich gewusst hätte, wo ich hingehöre. Gut, die Vergangenheit lässt sich nicht verändern, aber dafür das Hier und Jetzt. Mit meinem neu gewonnenen Lebensmotto, den Mutigen gehört die Welt, habe ich mir vorgenommen, meine Ziele zu verwirklichen und meine damaligen Schwächen als Stärke zu sehen. Ich wurde selbstbewusster und akzeptiere mich nun mit all meinen Macken.

Letztendlich möchte ich mit diesem Kapitel und den Ausführungen zu meinem eigenen Outing klarmachen, dass du nicht erst 28 Jahre warten musst, um dein Leben zu leben. Du kommst als freier Mensch auf die Welt und hast das Recht, selbstbestimmt und unabhängig deinen Weg zu gehen. Die Auseinandersetzung mit diesem Thema in diesem Kapitel soll dir den Weg erleichtern.

Was wiegt schwerer, es zu versuchen oder es zu lassen?

Nun also noch einmal die Frage: Was würdest du tun, wenn du wüsstest, dass du nur noch ein Jahr zu leben hättest? Was redest du dir aktuell schön, was eigentlich gar nicht so ist? Wo fehlt dir der Mut, auf den Tisch zu hauen, um deine Grenzen aufzuzeigen? Welche Ängste hindern dich dabei?

Was wiegt schwerer, es zu versuchen oder es zu lassen? Sei dir bei allem, was du machst, immer bewusst, dass das Leben begrenzt und vor allem nicht selbstverständlich ist, sondern eine unglaubliche Möglichkeit, dich selbst zu verwirklichen!

Kapitel 5 – Die Besteigung deines Mount Everests

Von außen betrachtet ist meine bisherige Unternehmerkarriere wie am Schnürchen verlaufen: Ein Jungunternehmer macht sich noch während seines Studiums mit einer risikoreichen und für die damalige Zeit unkonventionellen Geschäftsidee selbstständig und eröffnet sein erstes kleines Kosmetikstudio. Nach kurzer Zeit eröffnet er bereits sein zweites Studio. Aufgrund seiner innovativen Ideen stellt ihn die Unternehmensgruppe, bei der er als Franchisepartner begonnen hatte, als Geschäftsführer im Bereich Marketing ein. Schnell entwickelt er ein neues, unverkennbares Gesicht für die Marke, hat Erfolge in seinen eigenen Studios und nutzt wenige Zeit später die Möglichkeit, das gesamte Unternehmen zu übernehmen. Heute hat er das Unternehmen, welches sich auf apparative Kosmetik, genauer gesagt die dauerhafte Haarentfernung mit Licht spezialisiert hat, zum Marktführer der Branche aufgebaut. Das Unternehmen begann 2004 mit 15 Partnern. Der Jungunternehmer konnte es von 2005 mit damals noch 500.000 Euro Jahresumsatz auf mittlerweile 75 Standorte und über 350 Mitarbeiter in Deutschland, der Schweiz und Österreich ausdehnen und erwirtschaftet heute einen Jahresgesamtumsatz von 20 Millionen Euro.

Ich denke, dass große Karrieren kein Zufall sind

Hatte der Junge vom Lande, der einmal als Kellner während seines Studiums kleine Brötchen buk, einfach nur Glück? Hat eventuell genau dieser Junge mit seinem schlechten Abitur und dem gerade so geschafften Studium nur zufällig eine Marktlücke entdeckt? Oder war es etwa doch harte Arbeit, mit sehr viel Fleiß und noch mehr Engagement ein kleines Unternehmen von Anfang an aufzubauen? Man sagt, dass große Karrieren ähnlich wie bei Olympiasiegern mit viel Einsatz, eiserner Disziplin und notwendigem Durchhaltevermögen in schlechten Zeiten verbunden sind. So auch bei mir und meiner Karriere. Ich denke, dass große Karrieren kein Zufall sind, sondern die Menschen dahinter sich klare Ziele gesetzt haben, die sie fokussiert und nachhaltig allen anfänglichen Misserfolgen zum Trotz verfolgen.

Meinen Weg als Unternehmer werde ich dir im folgenden Kapitel anhand eines Mount-Everest-Aufstiegs erläutern, mit dem ich immer wieder gerne als visuelles Beispiel arbeite. Ich kann mir gut vorstellen, dass man aus meinen Fehlern und finanziell auch großen Schnitzern viel lernen kann – sei es als Angestellter eines Unternehmens, als Unternehmer, der sich weiterentwickeln möchte, oder auch, wenn du gerade vor der Entscheidung stehst, ein eigenes Unternehmen zu gründen.

Ich bin nie selbst auf den Mount Everest gestiegen, sondern benutze diese Metapher, um meinen Seminarteilnehmern, Coaching-Kunden und Mitarbeitern zu verdeutlichen, dass Geld und eine glanzvolle Karriere nicht vom Himmel fallen. Es ist auf der Karriereleiter schlichtweg nicht möglich, Abkürzungen zum Gipfel zu nehmen, sie rächen sich über kurz oder lang immer. Die Luft dort oben ist so dünn, dass es eben nicht möglich ist, in Basislager 1 in den Helikopter zu steigen, um über Basislager 2 und 3 fliegend zum Gipfel zu gelangen. Was ich damit sagen will, ist, dass der Aufbau einer großen Firma nicht in zwei Jahren gemacht ist. Vielleicht hat man in einem Unternehmen schnell die Visitenkarte »Geschäftsführer« inne oder man kommt durch Beziehungen rasch in eine hohe Position, aber die notwendige Glaubwürdigkeit als Führungskraft mit Fachkompetenzen und Erfahrungswerten kann man sich einfach nicht aneignen, wenn man nicht von ganz unten anfängt und alle Ausbildungsstufen selbst durchlebt. Es gibt nur einen möglichen Weg, langfristigen Erfolg als Unternehmer oder auch Karrieremensch zu haben. Du musst verbissen das Ziel verfolgen, den Gipfel zu erreichen. Egal wie oft du zurückgeworfen wirst und egal wie oft du Erschütterungen, Stürme und Lawinen erlebst, du

Du musst maximal fokussiert bleiben

musst maximal fokussiert bleiben und knallhart dein Ziel verfolgen.

Die Unternehmensgruppe hairfree teilt sich in die Bereiche Filialsystem und Franchisesystem auf. In den Filialen leite ich Geschäftsführer und deren Teams. Dem Franchisesystem obliegt die Aufgabe, selbstständige Unternehmer, die unter dem Dach unserer Marke tätig sind oder es werden wollen, in der firmeneigenen Academy aus- und fortzubilden. Hier habe ich seit vielen Jahren zu allen unternehmerischen Belangen viel Wissen aufgebaut und auch mein Wissen zum Mentaltraining erprobt und genutzt, um die Menschen hinter meiner Marke zu motivieren, ihre Grenzen oder, wie ich es gerne nenne, ihren Gipfel des Mount Everests zu erreichen.

Ich erzähle dir nun also meine persönliche Geschichte auf dem Weg zum Gipfel meines Mount Everests und werde dir authentisch und ehrlich von vielen Stürzen in Gletscherspalten berichten. Ich werde dir beschreiben, wie ich Schneestürme und Erfrierungen überlebt, meine Wunden geheilt und immer wieder erneut den Versuch gestartet habe, den Gipfel zu bezwingen. Auch werde ich dir erzählen, wie ich mit viel zu viel Übermut nach meinen ersten unternehmerischen Erfolgen völlig verfrüht, überheblich und sozusagen mit schlechtem Schuhwerk und falscher Ausrüstung das Basislager 1 verlassen habe – und natürlich von einer Lawine erfasst wurde. Mit reduzierter Belegschaft bin ich gerade so aus dem ersten Lawinenabgang gerettet wieder zurückgekommen. Völlig verunsichert, voller Trauer und Vorwürfe habe ich mir damals notgedrungen die Zeit gegeben, um zu lernen und meine Kondition aufzubauen. Ich übte zunächst einmal in kleineren Gebirgen, um mich nach einiger Zeit erneut an meinen Traum zu wagen, einmal auf dem Gipfel meines persönlichen Mount Everests zu stehen. Dort stehen, wo nur wenige stehen, wo die Luft am dünnsten und die Aussicht am schönsten ist – dort stehen, wo das Selbstvertrauen und die Genugtuung, alles erreicht zu haben, so groß sind, dass ich auf mich und meinen erreichten Erfolg einfach nur stolz sein darf.

Leider verhält es sich mit dem Unternehmertum gleichermaßen wie mit dem Bergsteigen, man kann so viel üben wie man will, ob als Kind im elterlichen Betrieb, ob als Führungskraft in einem Unternehmen oder auch bei den ersten Gehversuchen als Freiberufler. Es ist eine völlig andere Hausnummer, ein Unternehmen selbst in die Tat umzusetzen und dafür gibt es im Grunde keine Trainingsphase. Der erste große, offizielle Schritt, den ein Unternehmer geht, ist der der Gewerbeanmeldung, um in einen Standort mit Mitarbeitern und von Beginn an einen hohen Fixkostenapparat zu investieren. Dieser immense psychologische Druck, der auf einen zukommt, wenn die Entscheidung einmal getroffen wurde, kann erst in der Praxis hautnah erlebt werden. Erst dann kannst du die Erfahrungen sammeln, die nötigt sind, um langfristig als Unternehmer erfolgreich zu werden.

Statistiken belegen, dass knapp 30 Prozent in den ersten 3 Jahren ihrer Selbstständigkeit wieder das Feld räumen. Im Bergsteigerjargon ausgedrückt heißt das, dass die meisten bereits im Basislager 1 ihre Koffer packen und aufgeben, weil sie merken, wie anstrengend der zum Ziel führende Aufstieg sein wird.

Bevor ich mit dir in mein Basislager 1 starte, erzähle ich dir, wie ich überhaupt zum Unternehmertum gekommen bin. Ich habe ja bereits viele Dinge über mich preisgegeben, unter anderem auch über meine Hänseleien in der Schule. Ich habe durch die vielen Erniedrigungen über Jahre hinweg aus meiner Sicht ein immer dominanteres Verhalten aufgebaut, um mich davor zu schützen. Dadurch, dass ich immer seltener zum Opfer, dafür aber rhetorisch immer stärker wurde, war es gerade nach dem Abitur in meiner Ausbildung zum Bankkaufmann immer wieder der Fall, dass ich mit Obrigkeiten so meine Probleme hatte und auch des Öfteren aneckte. Ich brachte gute Leistungen und war durch meine unkonventionelle Art, mich aufzulehnen, immer ein gern gesehener Kollege, wenn es darum ging, bestimmte Wünsche oder Konzepte beim Chef anzusprechen. Ich fühlte mich auch zunächst wohl in diesen Situationen, weil ich ja zum ersten Mal so richtig gehört wurde und meine Meinung etwas zählte. Dennoch war ich noch viel zu unreif, um zu bemerken, dass ich mit dieser Art auf Dauer nicht viele Menschen hinter mir haben würde, ich war einfach zu ungehobelt. Ich hatte für mich endlich die Freiheit erlangt, mir nicht mehr alles gefallen und jeden auf mir herumtrampeln zu lassen, aber die Außenwirkung meines Verhaltens war daraufhin eher rebellisch und emotional – und das gehört leider nicht ins Business, sondern in die Kindheit auf den Pausenhof.

Heute kann ich die Situation von damals viel besser deuten und ich denke, dass ich mit meinem jetzigen Wissen auch in einem Konzern oder einem Unternehmen als Mitarbeiter eine ansehnliche Karriere hätte hinlegen können. Doch zum damaligen Zeitpunkt fühlte ich mich einfach eingeengt und missverstanden. Ich wusste damals nur eines: Ich wollte die Bank, die ich für mich lediglich als eine Durchgangsstation erkannt hatte, schnell wieder verlassen. Ich wollte weiter und einfach höher hinaus – die Perspektiven, die ich in der Bank für mich gesehen habe, konnten mit meinen Wünschen nicht mithalten. Auch wenn ich bereits seit vielen Jahren im elterlichen Betrieb die Höhen und ganz besonders die Tiefen des Unternehmertums erfahren durfte, von meiner Vision, als Chef ein eigenes Unternehmen zu führen, war ich nicht abzubringen.

Ich denke, dass genau die üblichen Klischees, die die meisten Unternehmer bei der Gründung ihres Unternehmens als Ziel verfolgen, auch bei mir zutrafen. Ich wollte ein selbstbestimmtes Leben und als Chef alleiniger Entscheider sein. Niemand sollte mir mehr in meinen Kram reinreden können. Ich wollte morgens mit der Arbeit beginnen, wann immer mir danach war, und ich wollte auch Feierabend machen, wann ich es für richtig hielt. Ich wollte zudem viel Geld verdienen, mir luxuriöse Dinge wie tolle Kleidung und einen Porsche leisten können und ich wollte in schicke Restaurants gehen – das komplette Programm eben. Damit wollte ich nichts anderes zeigen als: »Schaut her, ich hab's geschafft! Ich hab es euch allen gezeigt, ich dominiere euch, ich lasse mir von nichts und niemandem mehr erklären, wie ich zu leben habe, und

Schaut her, ich hab's geschafft! Ich hab es euch allen gezeigt

ich lasse mich auch nicht mehr kleinmachen oder einschüchtern.« Damals dachte ich auch noch, dass überdurchschnittlich viel Geld nur als Unternehmer zu verdienen ist, weil man die Möglichkeit hätte, mehrere Standbeine parallel aufzubauen, die man mit guten Mitarbeitern besetzt, wodurch man eben nicht überall selbst vor Ort sein muss. Heute weiß ich allerdings, dass das nicht unbedingt zutreffen muss, denn wenn ich mir die Vorstandsgehälter großer Unternehmen anschaue, würde ich sagen, es ist risikofreier, als angestellter Manager denn als Unternehmer eine großartige Karriere zu machen. Ausnehmen möchte ich den Bereich der Politik, hier geht's aus meiner Sicht vielmehr um Macht als um das wichtigste Tauschmittel unser aller, das liebe Geld. Denn mal ehrlich, die Vergütung von Frau Merkel im Verhältnis zu der Leistung und der Verantwortung stehen aus meiner Sicht in keinem Verhältnis.

Zudem hatte ich immer noch den Glaubenssatz im Kopf, lieber der Entscheider und Chef als der im Team zuletzt in die Gruppe Gewählte zu sein – von Letzterem hatte ich in meiner Jugend und im Sportunterricht genug gehabt. Ich wollte also insgeheim meine noch unbefriedigten Bedürfnisse nachholen und dachte mir wohl, dass ich das als Chef, wenn quasi ich der Auswählende für meine Völkerballgruppe bin, am besten kann.

Zusammengefasst glaube ich, haben all die beschriebenen kleinen Facetten meiner menschlichen Unzulänglichkeiten und der damit verbundene Wunsch nach Status dazu geführt, dass ich mich entschieden habe, trotz aller Risiken die Karriere eines Unternehmers einzuschlagen. Nur dieser Weg erschien mir zur Weiterentwicklung meiner Persönlichkeit und zum Erreichen meiner selbstgesteckten Ziele sinnvoll.

Basislager 1

Jetzt weißt du, warum ich eigentlich die Entscheidung gefällt habe, mich als Unternehmer etablieren zu wollen. Neben allen materiellen Anreizen ist sie im Grunde wie die meisten Entscheidungen im Leben aus dem Schmerz heraus geboren – eine rein emotionale Herangehensweise, darauf hinzielend, für mein nicht vorhandenes Selbstwertgefühl Anerkennung und Bestätigung von außen zu erhalten. Wenn ich bedenke, welche Vorstellungen und Wünsche ich mit der Selbstständigkeit verbunden hatte, bevor ich die Gewerbeanmeldung abgab, und was danach kam, hätte ich mit Sicherheit erst einmal gezögert, mich für die Selbstständigkeit zu entscheiden.

Doch im Nachhinein betrachtet war es die richtige Entscheidung und mir ist bewusst geworden, dass alles, was vorher in meinem Leben passiert ist, nur kleine Testsituationen für den wirklichen Ernst des Lebens waren. Ob die Prüfungsängste beim Abitur, das mehrfache Durchfallen bei Klausuren im Studium bis hin zur 3. Chance in Statistik mit der Warnung, im vorletzten Semester des Hauptstudiums von der Uni verwiesen zu werden – nichts war psychisch so aufreibend wie das, was nach der Gewerbeanmeldung zur Eröffnung meines ersten Geschäftes auf mich zukam.

Noch während meines Studiums war ich davon besessen, endlich etwas zu finden, womit ich erfolgreich werden konnte. Ich arbeitete nebenbei in der Gastronomie und dachte zwischenzeitlich auch daran, Eventplaner oder Partyveranstalter zu werden, sollte ich nichts anderes finden. Was ich schon immer wusste, war, dass mir die Glitzer- und Glamourwelt ganz gut gefiel, das heißt alles, was mit Luxusgütern und Lifestyle zu tun hatte. Das hatte natürlich auch damit zu tun, dass ich immer Statussymbole brauchte, um jemanden darzustellen, und so baute ich über viele Jahre auch den Glauben auf, dass die Glamourwelt der Schönen und Reichen bei Weitem besser war als meine.

Wie bereits weiter oben beschrieben, hatte meine Mutter sich im Odenwald mit einer Videothek und später zusätzlich mit einem Sonnenstudio einen Namen als Unternehmerin gemacht. Eines schönen Tages kam ihr Vertreter Bernd, der sie im Sonnenstudio mit Röhren belieferte und der heute noch mein Kollege bei hairfree ist, mit einer neuartigen Kosmetikidee daher. Meine Mutter hatte schon immer einen guten Riecher für Erfolg versprechende Ideen und so kam es auch, dass sie mir erzählte, dass Bernd zufolge einige ihrer Sonnenstudiokollegen mit einer neuen Haarentfernungsmethode in ihren Kabinen gute Umsätze generieren würden. Ich solle mir das mal anschauen, vielleicht wäre das ja was für mich nach dem Studium. Ich dachte sofort: »Sonnenstudio, oh Gott nein!« Ich fühlte mich zu viel Höherem berufen, das passte nun wirklich nicht auf meine Visitenkarte. Neugierig wie ich war, schaute ich es mir aber doch an und entschied kurzum: »Nein, danke, das kann nicht funktionieren.« Ich stand zu der Zeit schon kurz vor der Diplomarbeit und war bereits ein bisschen unter dem Druck, bald einen Job als Arbeitnehmer anzutreten, worauf ich nun wirklich keine Lust hatte. Und so entschied ich mich, mir zumindest mal die Geschäftsidee genauer anzuschauen. Ich ließ mir die Gewinnmöglichkeiten nennen und dachte mir: »Vielleicht machste das doch, wenn man damit gutes Geld verdienen kann.« Und so bin ich völlig naiv und unvorbereitet in diese Geschichte hineingeschlittert, weit davon entfernt, überhaupt eine Strategie oder jegliche Zielorientierung zu haben. Das Einzige, was mich überzeugt hat, war das Vertrauen in unseren langjährigen Kollegen Bernd, der mit meiner Mutter befreundet war und der uns versicherte, dass sich mit der Idee gutes Geld verdienen ließ. Einerseits nenne ich meine Entscheidung naiv, andererseits habe ich wie so oft in meinem Leben auf mein Bauchgefühl gehört. Ich vertraute Bernd und zudem glaubte ich, dass mein Wunsch nach Macht und Geld sich so erfüllen ließe und ich es endlich allen zeigen könnte.

»Vielleicht machste das doch, wenn man damit gutes Geld verdienen kann.«

Gesagt, getan, eröffnete ich also noch während meiner Diplomarbeitsphase mein erstes Institut für dauerhafte Haarentfernung. Ich hatte mich weder wirklich mit dem Produkt noch mit den Marktpotenzialen noch mit Mitbewerbern auseinandergesetzt. Ich habe mich wirklich total naiv in die Sache hineinmanövriert und so konnte es auch nicht anders kommen, als dass mir gleich in der ersten Phase meiner Selbstständigkeit harte Lektionen erteilt wurden, die fast zur sofortigen Pleite geführt hätten, hätte ich nicht wie ein Löwe gekämpft. Zunächst merkte ich beim Thema Finanzierung schnell, dass auf der anderen Seite des Bankschreibtisches ein ganz anderer Wind wehte. Dieser eisige, raue Wind war mir zwar schon aus den Lehrjahren mit meinen Eltern bekannt, aber es ist doch etwas anderes, ihn am eigenen Leib zu spüren. Das Ende vom Lied war, dass mir selbst meine Ausbildungsbank trotz meiner guten Referenzen als ehemaliger Mitarbeiter keine Finanzierung für eine solch unkonventionelle und neuartige Geschäftsidee gab. Kaum einer glaubte daran, dass es gelingen konnte. Schon an dieser Stelle wäre das Projekt fast zum Scheitern verurteilt gewesen, wäre nicht in letzter Minute eine Leasingbank auf der Bildfläche erschienen, die sich auf die Finanzierung von kosmetischen Instituten spezialisiert hatte. Ich wurde also Franchisepartner bei der Marke hairfree für die Region Frankfurt und erhielt eine eintägige Schulung zusammen mit meiner ersten eigenen Mitarbeiterin, einer Freundin, die ich aus der Gastronomie mitbrachte. Wir kannten uns schon sehr lange und sie war hauptberuflich Zahnarzthelferin, was ganz gut zur kosmetischen Anwendung mit apparativer Kosmetik passte. Sie war so von meiner Idee und unserem gemeinsamen Erfolg überzeugt, dass sie sogar ihren Job für mich kündigte. Als Franchisepartner erhielt ich zum damaligen Zeitpunkt ein paar Kartons Erstausstattung mit ein paar Werbeflyern und Postern, dazu natürlich noch das Gerät und zusätzlich eine Kosmetikliege – und eben die eintägige Schulung. Mehr konnte man mir nicht zur Verfügung stellen. Was ich heute unter Franchise verstehe und mir im Verhältnis dazu damals als solches angeboten wurde – das ist kein Vergleich. Heute bekommen unsere Partner ein Volldienstleistungskonzept mit Bauunternehmen für die Institute, einem ausgefeilten Marketingkonzept, einem Eröffnungscoaching von mehreren Monaten und einem ausgeklügelten Ausbildungs- und Betreuungskonzept für die Mitarbeiterführung sowie viele Dinge mehr.

Ich suchte mir in Frankfurt ein kleines Geschäft und fand im Stadtteil Westend ein sechzig Quadratmeter großes Lädchen im vierten

Stockwerk eines Wohnhauses. Ich unterzeichnete den Mietvertrag, fing an zu renovieren und kaufte ein paar Sideboards, einen Schreibtisch, eine Couch und ein paar Stühle und schon war mein erstes kleines Reich eingerichtet. Das »Marketingkonzept«, das mir zur Verfügung gestellt wurde, war bis dato eine kleine, briefmarkengroße, schwarz-weiße Printanzeige, die ich in den lokalen Printmedien platzieren sollte. Damit sollte ich erreichen, dass die Kunden vor meinem Laden Schlange stehen. Ich hatte natürlich überhaupt keine Ahnung, wie das Verhandeln von Anzeigen funktionierte – woher auch? Glücklicherweise half mir mein Kollege Bernd dabei.

Ich hatte mit knapp 15.000 Euro erspartem Kapital begonnen, dass ich dank meines Kellnerjobs zur Seite legen konnte, wohnte noch zu Hause und konnte auf die Unterstützung meiner Eltern bauen. Die Finanzierung des Franchisepakets betrug knapp 50.000 Euro und das war im Verhältnis zu den Leistungen damals extrem überteuert. Zudem war mein eigenes Geld schnell für Einrichtung, Renovierung, Mietkaution und die ersten Anzeigen ausgegeben. So waren am Ende des ersten Monats noch genau 5.000 Euro auf dem Konto und es meldete sich kein Mensch auf die ersten beiden Anzeigen, die jeweils über 1.200 Euro kosteten – wohlgemerkt in Briefmarkengröße und schwarz-weiß. In mir stieg langsam ein Gefühl der Panik auf. Doch bislang hatte man bei den anderen Partnern noch nie die Erfahrung gemacht, dass sich kein Mensch auf die Anzeigen meldete – ein schwacher Trost für mich an dieser Stelle.

Die Existenzangst, die mich zunächst gelähmt hatte, machte mich nun kreativ

Als ich merkte, dass ich am kommenden Monatsbeginn im Grunde nur noch die Miete, die Finanzierungskosten und meine Mitarbeiterin würde bezahlen können, musste ich handeln. Die Existenzangst, die mich zunächst gelähmt hatte, machte mich nun kreativ. Ich hatte nicht mehr das Geld, teure Flyer zu drucken. Also ging ich mit selbst gebastelten Flyern in den Copyshop und verteilte sie anschließend gemeinsam mit zwei Freunden und meiner Mitarbeiterin in Frankfurt – am Ende hatten wir alle dicke Blasen an den

Füßen. Um die Mittagszeit, nachdem wir kilometerweit mit schweren Tüten von Flyern durch die Stadt gewandert waren, kamen wir völlig erschöpft auf der Einkaufsmeile, der Frankfurter Zeil, an. Hier erlebte das bis heute wichtigste Marketinginstrument unseres Unternehmens seine Geburtsstunde: die Kaltakquise von Kunden durch aktives Ansprechen auf der Straße – meine existenzielle Rettung.

Zunächst trugen wir auch in Parkhäusern Flyer aus. Übrigens keine gute Idee, denn ich musste im Nachgang unter Androhung einer Klage die ganzen Parkhäuser von den Flyern wieder befreien. Zudem hatte ich ein Anwaltsschreiben im Briefkasten, der ebenfalls mit einer Klage drohte, wenn wir ihm noch einmal einen Flyer in den Briefkasten werfen würden. Das Problem war nämlich, dass mein Geschäft im noblen Westend war und dort so ziemlich an jedem Briefkasten stand: »Bitte keine Werbung einwerfen.« In meiner Panik damals missachtete ich diesen Hinweis natürlich und warf überall Flyer ein. Na ja, im Nachhinein wieder was gelernt. Auf jeden Fall sind wir, wie bereits erwähnt, auf der Zeil gelandet und dort überlegte ich mir auch: »Warum auf Anrufe warten, wenn wir auch Passanten direkt ansprechen können?« Mein Wunsch nach Selbstbestimmung und der Kontrolle über meine Existenz war so groß, dass ich an diesem Tag mit der Leistung des Flyeraustragens einfach nicht zufrieden sein konnte. Nein, ich wollte etwas Handfestes in den Händen halten, nämlich die Adresskontakte potenzieller Kunden.

Heute haben wir im Unternehmen ein Kaltakquise-Seminar, mit dessen Leitfaden – beruhend auf den Erfahrungswerten meiner Anfänge – eine mühelose und erfolgreiche Adressgenerierung möglich ist. Als wir circa 100 Passanten angesprochen hatten und gefühlte 95 Mal ablehnende Aussagen wie »Keine Zeit!«, »Kein Interesse!«, »Brauche ich nicht!« und teilweise schlimme Beleidigungen an den Kopf geknallt bekommen haben, kam dann endlich ein Lichtblick um die Ecke. Eine Hebamme, die schon von der Methode gehört hatte und selbst interessiert war, gab uns vertrauensvoll ihre Telefonnummer mit dem Wunsch, sie zu einem Termin einzuladen. Wir waren happy, denn wir hatten zum ersten Mal etwas Bestätigung für unsere Anstrengungen erhalten. Montags darauf ging es dann mit dem nächsten Schritt in der langen Kette bis zum Kundenabschluss los: dem Abtelefonieren der Kundenkontakte. Auch in diesem Bereich haben wir heute wunderbare Leitfäden und Hilfestellungen für die Einwände von Kunden. Die hatten wir damals aber eben nicht und so holten wir uns auch hier wieder viele Backpfeifen ab. Die liebe Hebamme, die am Samstag noch so motiviert klang, hatte plötzlich keine Zeit mehr und meinte, wir sollen die Tage nochmals anrufen. Das zog sich dann ganze drei Wochen hin. Wir fühlten uns schon wie Stalker, denn wir telefonierten unsere Handvoll Adressen, die wir mühevoll generiert hatten, morgens, mittags und abends ab – und das zwei Wochen lang. Zwischenzeitlich hatte ich einen Laufstopper vor das Haus gestellt, der weitere Passanten anlocken sollte. Zunächst fühlte sich durch diesen Laufstopper und ebenso durch das kleine Nasenschild am Haus aber erst mal nur eine Interessentengruppe angesprochen: das Ordnungsamt. »Ich flippe aus«, dachte ich, aber das Ordnungsamt hatte ja Recht, ich hatte ohne Genehmigung einfach Werbung angebracht. Ich kann dir sagen, das Sprichwort »Lehrjahre sind keine Herrenjahre« war zu dieser Zeit an der Tagesordnung. Fakt ist, durch diesen Laufstopper kam unsere erste Kundin: eine Anwältin, die in der Nähe arbeitete. Ich weiß noch genau ihren Namen und ich weiß noch, wie wir uns verhielten, als die Dame das Geschäft verließ. Meine Mitarbeiterin und ich sprangen um den Schreibtisch im Beratungszimmer und führten einen Indianertanz auf, so überglücklich waren wir über den ersten Erfolg. Es meldeten sich nach und nach noch einige Interessenten über die Flyeraktion und dann noch eine Handvoll Kunden über die Printanzeigen und so waren wir mit ein paar verkauften Behandlungspaketen zunächst für weitere vier Wochen über den Berg. Zu der Zeit hatten die Themen Social Media und Internet, die heutzutage wichtigsten Marketinginstrumente, noch einen geringen Einfluss.

Mein langjährig bester Freund Daniel, der meinen Leidensdruck zu dieser Zeit mehr als zu spüren bekam, hatte eine Idee. Er selbst war beim Thema Internet ganz weit vorn und richtete mir eine Google-AdWords-Kampagne ein. Mit kleinstem Tagesbudget konnte ich Klickraten für meine Website über Google kaufen und so kamen auf einmal regelmäßig Anrufe und E-Mail-Anfragen von Kunden, die mich zumindest in den Bereich der Kostendeckung brachten. Das war ja schon mal was. Heute haben wir aus der Google-AdWords-Erfahrung eine ganze Social-Media-Abteilung aufgebaut. Ausgestattet ist sie mit Bloggern, einem ausgeklügelten SEO Optimizing, einer genial ausgefeilten Website und zusätzlich einer Smartphone-Seite, die im Gegensatz zu den kalt akquirierten Kundenkontakten die heiß begehrten, sogenannten Inbound-Kontakte, generiert. Google AdWords dagegen machen wir gar nicht mehr, weil wir es mit unserem Onlinekonzept schaffen, dass jeder regionale Standort mindestens drei Mal auf Seite 1 bei den wichtigsten Keywords erscheint. Damit sind wir in der gesamten Branche Vorreiter.

Natürlich bekam zu dieser Zeit nicht nur mein Freundeskreis meine existenziellen Sorgen mit, auch meine Mutter litt mit, weil sie mir schließlich diese Geschäftsidee vermittelt hatte, mit der ich jetzt zu scheitern drohte. Sie meinte: »Mensch Jens, wenn du hier in der Nähe meines Sonnenstudios mit meinen vielen Stammkundinnen einen Standort hättest, das würde bestimmt super laufen.« Mit dieser Hoffnung leistete ich mir gleich zu Beginn meiner unternehmerischen Karriere einen großen Schnitzer: Ich eröffnete aus existenzieller Not eine zweite Filiale. Verrückt, oder? Zum damaligen Zeitpunkt erschien mir diese Idee aber irgendwie logisch – na ja, auch hier wurde ich schon bald eines Besseren belehrt. Ich erhielt damals von der Geschäftsleitung von hairfree die Genehmigung, mit meinem Kosmetikgerät für die dauerhafte Haarentfernung beide Geschäfte zu bedienen. Leichter gesagt, als getan, aber es funktionierte eine ganze Zeit lang sogar ganz gut. Dennoch, die Idee, viele Stammkunden aus dem Sonnenstudio meiner Mutter zur dauerhaften Haarentfernung zu bewegen, endete im nächsten Misserfolg. Das

Ein großer Schnitzer: Ich eröffnete aus existenzieller Not eine zweite Filiale

Produkt war zu diesem Zeitpunkt ohnehin nicht unbedingt ein Thema, über das man offen sprach. Vielmehr gehörte die dauerhafte Haarentfernung wie Botox oder Fettabsaugungen eher zum delikaten Tabuthema, über das man nicht sprach. Zumindest fand ich das dann heraus, als es darum ging, die Freundinnen meiner Mutter als Kundinnen zu gewinnen.

So, nun stand ich mit zwei süßen Lädchen, einer Mitarbeiterin, wenig Umsatz, einem nur mäßig optimalen Marketingkonzept und jeder Menge Existenzangst da und musste damit klarkommen. Ich kann dir aus Erfahrung sagen, dass ich in den Regionen, in denen ich als völlig Unbekannter auftrat, bislang am meisten Erfolg hatte. Also ganz entgegen dem landläufigen Glauben, dass man dort bessere Startmöglichkeiten hat, wo man gut vernetzt ist und zudem noch viele Menschen kennt. Ein großer Vorteil, den ich aber in der kleinen, ländlichen Region erkennen konnte, war die Möglichkeit, Marketingkonzepte auszutesten. So ist auf dem Land eine Marktdurchdringung viel schneller möglich als in einer Metropole. Man kann mit einer Busbeklebung, einem Citylight-Poster und ein paar Printanzeigen schon wie ein bunter Hund bekannt werden und durch Wiederholungen viel schneller das Vertrauen des Konsumenten gewinnen. Wenn ich mir dann noch den Fixkostenapparat im Verhältnis anschaue, ist die Gewinnschwelle in einer ländlichen Region viel schneller zu erreichen, als es in der Großstadt möglich wäre. Jetzt ist das natürlich nicht zwingend auf jedes Produkt anwendbar. Dennoch kann ich für uns sagen, dass selbst Hemmungen vor dem Produkt viel schneller abgebaut wurden, weil der Konsument werblich so oft mit dem Produkt in Berührung kam.

Was ich auch frühzeitig lernen musste und was aus meiner Sicht ein Haupterfolgsindikator für erfolgreiches Unternehmertum in jeder Branche ist, ist eine gute Organisation und Struktur innerhalb der Abläufe. Dadurch, dass ich nur von Montag bis Mittwoch in Frankfurt behandeln konnte und Donnerstag bis Samstag im Odenwald, mussten wir frühzeitig lernen, die Termine so effizient wie möglich zu legen. Wir mussten in beiden Geschäften gleichermaßen gut zurechtkommen, bis wir nach den ersten Anfangsschwierigkeiten umsatzmäßig ein bisschen Fuß gefasst hatten und dadurch die Möglichkeit erhielten, ein zweites Gerät anzuschaffen.

Erfolgsindikator: Gute Organisation und Strucktur der Abläufe

Ich würde nach wie vor jedem Existenzgründer raten, zunächst in einer kleineren Region mit einem geringen Fixkostenapparat zu starten, um mit weniger Druck an das Projekt Selbstständigkeit herantreten zu können. Man kann im Kleinen in allen unternehmerischen Abteilungen viel besser Fuß fassen, denn man liegt nicht gleich mit vielen Mitbewerbern in einem großen Preiskampf, sondern kann viel schneller bekannt werden und bekommt einen besseren Zugang zu Gewerbetreibenden: Promotionflächen zu finden ist auf dem Land beispielsweise viel einfacher als in der Großstadt. Zudem sind sowohl die Mieten als auch die Renovierungskosten für ein kleines, kuscheliges Geschäft viel niedriger als die A-Lagen im Stadtzentrum.

Beim Thema Filialneueröffnungen sind wir in unserem System aufgrund meiner Erfahrungswerte natürlich heute auch viel besser aufgestellt als früher. Die Entscheidung, ein zweites Ladengeschäft aus der Not zu eröffnen, war denkbar schlecht. Ich würde jedem Existenzgründer empfehlen, das erste Geschäft zunächst in eine stabile Gewinnzone zu führen, um anschließend mit genügend Stabilität das zweite, samt möglicher Anlaufschwierigkeiten, mitfinanzieren zu können.

Wir, also meine Mitarbeiterin und ich, hatten nun zwei Geschäfte zu bedienen und trotz weniger Kunden recht viel zu tun, sechs Tage die Woche. Nach dem ersten Erfolg, durch den wir uns ein wenig über Wasser halten konnten, merkte ich nach nur wenigen Monaten, dass meine Mitarbeiterin nervlich bereits auf dem Zahnfleisch lief. Das Problem war nicht nur die viele Arbeit ohne einen freien Tag, sondern eben auch der psychische Druck, den sie von Anbeginn miterlebte. Es war einfach alles kopfmäßig und körperlich äußerst anstrengend, dennoch mussten wir irgendwie zusammenhalten und wussten auch, dass es um unsere Existenz ging.

So hatten wir beide zunächst keine andere Perspektive, aber den unbedingten Willen, nicht aufzugeben. Statt der Einstellung einer neuen Mitarbeiterin analysierte ich zunächst alle bestehenden Abläufe und die kleinen Prozessketten – auch wenn das zu diesem Zeitpunkt zugegebenermaßen nicht besonders viele waren. Mir fiel schnell auf, dass wir miserabel verkauften. Die wenigen Kunden, die sich zu uns verirrten, schickten wir größtenteils mit nicht mehr als einem Angebot wieder weg und hatten so eine Abschlussquote von maximal 20 Prozent. Schnell stellten wir fest, dass wir ähnlich wie bei der Kaltakquise schlichtweg weder schlagfertig genug noch rhetorisch so produktsicher waren, dass wir den Kunden vertrauensvoll überzeugen konnten. Ich entwickelte mit meiner Mitarbeiterin die ersten Verkaufsleitfäden und formulierte für jede Frage und jede erdenkliche Situation im Kundenkontakt eine Antwort aus, die ich dann regelmäßig mit ihr übte. Schon bald stellten sich die ersten Erfolge ein und wir hatten mit immer noch wenigen Beratungsgesprächen mehr Kundenverträge und konnten so langsam ein bisschen entspannter in die Zukunft blicken. Die monatlichen Verkaufsabschlüsse stabilisierten sich, sodass der Existenzdruck ein wenig von uns fiel.

Unser Hauptproblem in Frankfurt war jedoch weiterhin der Preisdruck, der durch unsere Mitbewerber aufrechterhalten wurde. Mit Rabatten schnappten sie uns regelmäßig Kunden weg, die sich bei uns zwar gut aufgehoben fühlten, aber trotzdem zum günstigeren Anbieter gingen. Im Odenwald hingegen hatten wir mit der Aufbauarbeit für das Produkt zu kämpfen, denn dort waren die Konsumenten – ähnlich wie vor 20 Jahren beim Thema Handy – noch sehr verhalten und fragten sich eher, ob sie so einen neumodischen Firlefanz überhaupt brauchten. Keine einfache Situation also.

Im Nachhinein war es unser Glück, dass ich niemals über die Senkung der Preise nachgedacht habe, sondern immer nur überlegte, wie ich das Produkt emotional mit tollen Serviceleistungen und vielen Referenzen, die dem Kunden in seiner Kaufentscheidung wichtig waren, aufladen konnte. Ich war immer schon zu 100 Prozent überzeugt, dass man ein Produkt, gerade im Bereich des kostbarsten Gutes, nämlich unserer Haut, nicht zum Discountpreis anbieten kann. Wobei ich auch zugeben muss, dass ich mich als Unternehmer nie mit Discount identifizieren könnte, denn bei allem Geld dieser Welt wollte ich kein Geschäftsführer eines Discounters sein. Das entspricht mir und meinen Werten einfach nicht. Vermutlich war genau diese Entscheidung eine sehr wichtige, wenn ich mir die Entwicklung von damals bis zum heutigen Tag anschaue. hairfree hätte niemals die Ausbildung und Serviceleistungen mit der heutigen Qualität und Sicherheit für seine Kunden entwickeln können, wenn wir ein Preisniveau auf Discountbasis beim Mitbewerberkampf zugelassen hätten.

Da ich parallel noch studierte, fing ich an, meine ganzen Organisationskonzepte und so schicke Instrumente wie die Balanced Score Card, über die ich auch meine Diplomarbeit verfasste, auf hairfree anzuwenden. Ich entwickelte Leitfäden für den Umgang mit dem Kunden, verbesserte konsequent das Marketingkonzept und feierte nach und nach Erfolge mit daraus resultierenden steigenden Umsätzen. So kam es auch schon nach circa einem halben Jahr meiner Zugehörigkeit im System, dass einige Partner nach Frankfurt kamen, um mehr über die unkonventionellen Erfolge zu erfahren. Ich ging parallel noch regelmäßig auf die Straße, notierte Adressen und war im Frühjahr meines ersten Geschäftsjahres mit knapp 200 Anschriften von einer Hochzeitsmesse gekommen, was vorher noch nie in der gesamten Gruppe als Ergebnis erzielt wurde. Nach und nach coachte ich die Partner des Systems anstatt umgekehrt. Diese Erfolge drangen schon bald bis zur Geschäftsleitung durch und so kam es dann auch, dass ich gebeten wurde, für den Bereich Marketing und Ausbildung zentrale Aufgaben zu übernehmen.

Nach dem ersten Geschäftsjahr war meine Mitarbeiterin langsam so überlastet, dass ich gezwungen war, eine zweite Mitarbeiterin einzustellen – vordergründig ein großer Erfolg nach den anfänglichen Schwierigkeiten. Hätte ich damals schon Erfahrung in Personalführung gehabt, hätte ich gewusst, was mich bald für ein Donnerwetter erwarten würde. Meine erste Mitarbeiterin hatte bis dato keinen einzigen Tag freigemacht, auch an Urlaub war nicht zu denken. Ich habe damals von ihr fast wie selbstverständlich erwartet, dass sie genauso viel Engagement wie ich einbrachte, nur mit dem Unterschied, dass sie nicht Inhaberin war. Meine Erwartungshaltung und auch den mir selbst auferlegten Leistungsdruck übertrug ich regelmäßig auf meine arme Mitarbeiterin und so musste sie irgendwann zusammenbrechen. Das merkte ich damals aber noch nicht, denn ich ging davon aus, dass das, was ich mir abverlangte, ganz normal sei, und so bastelte ich, anstatt mich mit der Einstellung einer weiteren Mitarbeiterin zu beschäftigen, eher an dem Ausbau meiner Region und einem weiteren Institut. Wenn ich mir das heute alles überlege, denke ich immer noch, wie wahnsinnig ich doch damals war.

Schlussendlich habe ich bereits zu diesem Zeitpunkt die Entscheidung für ein drittes Institut in Darmstadt getroffen. In der Zeit, während ich diese Entscheidung fällte, entwickelte ich ständig die Ausbildungs- und Marketingkonzepte für unsere Gruppe weiter. Zudem entstand ein weiterer großer Meilenstein für unser Unternehmen: Zum Ausbildungsordner kam der sogenannte UGS-Ordner hinzu. Mit UGS meinen wir bis heute die Unternehmensgruppenstandards, um die Serviceleistungen und standardisierten Abläufe in jedem Institut zu gewährleisten. Es war die Geburtsstunde der Qualitätsbibel von hairfree.

Das Wichtigste beim UGS-Ordner ist das Thema Sicherheit. Alle Mitarbeiter erlangen mit dessen Anwendung den sicheren Umgang mit allen Instrumenten, um unsere Kunden glücklich zu machen. Ich dachte immer visionärer und stellte der Geschäftsleitung von hairfree damals die Idee für mein drittes Institut, ein zweistöckiges Objekt mit angeschlossener Academy zur Schulung der Partner und Mitarbeiter, vor. Damals glaubte niemand daran, dass wir so etwas in Zukunft brauchen würden. Schließlich hatten wir vor zwei Jahren doch erst begonnen, in einer Kabine im Sonnenstudio ein wenig Haarentfernung anzubieten. Jetzt kam ich um die Ecke und wollte ein Institut mit gleich zwei Behandlungsräumen eröffnen, obwohl ich vor nicht allzu langer Zeit noch zwei Geschäfte mit einem Gerät bedient hatte. Das ging allen zu schnell. Doch da ich mir das Konzept schon fest in den Kopf gesetzt hatte, eröffnete ich das Institut, lud alle Partner ein und zeigte der Geschäftsleitung in aller Deutlichkeit: Und jetzt erst recht!

Hochmut kommt ja bekanntlich vor dem Fall – oder wer nichts wagt, der nichts gewinnt. Tja, das lassen wir jetzt mal dahingestellt, denn heute, knapp sechs Jahre später hat ja alles zum Erfolg geführt. Damals jedoch passierte nach knapp zwei Jahren Aufbauarbeit der angesprochene Sturz vor lauter Hochmut. Ich dachte doch allen Ernstes, dass meine bis dahin 1,5 Mitarbeiterinnen wie gewohnt den dritten Standort einfach wieder mit aufbauen würden. Meine erste Mitarbeiterin lief wie bereits erwähnt schon seit geraumer Zeit auf dem Zahnfleisch, meine Teilzeitmitarbeiterin war auch schon sehr ausgelastet – und dazu noch die Eröffnung eines dritten Ladens, wie sollte das gehen? Wie sich herausstellte, ging es nicht und so kündigte meine erste Mitarbeiterin mit einer Frist von sechs Wochen kurz vor der Eröffnung des dritten Instituts. Hier brannte mir dann zum ersten Mal die Sicherung durch. Ich hatte mir doch ein Image in der Unternehmensgruppe als anerkannter, erfolgreicher Franchisepartner aufgebaut und zentrale Aufgaben übernommen – und jetzt das. Außerdem stand ich kurz vor der großen Eröffnung des neuen, repräsentativen, zukunftsweisenden Institutes unserer Gruppe und wollte der Geschäftsleitung die Idee der Academy verkaufen, schließlich hatte ich nur dafür die zwei Stockwerke angemietet. Hinzu kam, dass ich erste erwirtschaftete Gewinne in die Renovierung des dritten Institutes investiert hatte. Meine Existenz- und Versagensangst machten mir Panik – und die war dieses Mal noch größer als zu Beginn meiner Selbstständigkeit. Ich hatte vertraglich viele Kundenbehandlungen zu erfüllen, musste Mieten zahlen und die Finanzierungskosten decken. Ich habe ungelogen zwei Tage und zwei Nächte durchgeheult und steckte für wenige Tage den Kopf in den Sand. Aber dann berappelte ich mich, denn eines weiß ich aus meiner Erfahrung als Unternehmer ganz sicher: Nur aus Krisen und

Hochmut kommt ja bekanntlich vor dem Fall …

Engpasssituationen kommt Wachstum und innere wie äußere Entwicklung – und so war es dann auch.

Wir hatten weder ein Führungskonzept noch Personalanzeigen noch richtige Arbeitsverträge, von einer Unternehmensphilosophie oder regelmäßigen Mitarbeitermeetings mit guter Kommunikation ganz zu schweigen. Es gab zum Thema Führung rein gar nichts. In der heiklen Phase half mir meine Mutter für das Institut im Odenwald mit einer Teilzeitmitarbeiterin aus dem Sonnenstudio aus. Meine Tante, die damals schon länger mit hairfree liebäugelte, fing in Frankfurt an, und die bereits angestellte Teilzeitmitarbeiterin ging auf Vollzeit und so konnten wir zumindest erst mal das Tagesgeschäft aufrechterhalten. Ich führte meinen Event für das zweistöckige Institut durch und konnte zumindest den Schein der heilen Welt wahren. Meine Tante fühlte sich mit den Tätigkeiten nicht so wohl und verließ hairfree wieder, gleichzeitig hatte ich zumindest eine kleine Personalanzeige geschaltet und es fing eine meiner bis heute langjährigsten Mitarbeiterinnen an, Frau Hüttenschmidt. Kurze Zeit später stellte ich eine Teilzeitmitarbeiterin für Frankfurt und Darmstadt ein und zudem eine Assistentin, die mir bei der Organisation der Institute sowie meinen zentralen Aufgaben behilflich sein sollte, ein Segen nach mittlerweile drei harten Jahren des Unternehmertums.

Es gab zum Thema Führung wirklich rein gar nichts

Neben den Themen Marketing und Verkauf beschäftigte ich mich auch intensiv mit der Personalführung und spürte zudem immer stärker, dass ich mich noch mehr mit mir selbst würde auseinandersetzen müssen, um langfristig erfolgreich arbeiten zu können. Ich war einfach noch kein guter Chef, ich war nicht geradlinig genug, war oftmals unzufrieden, konnte nicht gut loben, wollte ständig mehr Leistung und höher hinaus. Im Grunde war mein Team eine Projektionsfläche für mein Selbstwertgefühl – und das war beileibe noch nicht stabil genug. Meine damaligen Glaubenssätze waren einfach, dass ich nicht gut genug bin, und über meine Mitarbeiter dachte ich automatisch ähnlich. In dieser Phase wendete ich die große Katastrophe ab, mal eben über Nacht ohne Belegschaft dazustehen, und habe zudem gemerkt, dass Mitarbeiter auch mal einen freien Tag brauchen sowie Urlaub machen müssen. Tief in mir drin war das aber noch nicht vollends angekommen, schließlich hatte ich selbst ja auch keinen Tag freigemacht und Tag und Nacht gearbeitet.

Parallel ging meine Karriere mittlerweile als Geschäftsführer für den Bereich Marketing voran, ich entwickelte mit einem Beautyexperten Fotokampagnen, eine neue Website, tolle Anzeigenmotive und Marketingaktionen. So wurden wir Stück für Stück im Außenauftritt professioneller und positionierten uns erfolgreich gegenüber unseren Mitbewerbern. Dann kamen die Seminare. Ich kann mich noch sehr gut an mein erstes Seminar erinnern, für das die Teilnehmer Geld zahlten. Ich war so aufgeregt und hatte die ganze Nacht nicht geschlafen, weil ich eine so große Verantwortung gegenüber den Teilnehmern in mir trug und mir damit Druck machte, dass alles perfekt werden sollte. Schließlich war dieses Seminar auch stellvertretend das Barometer dafür, ob sich eine Academy, in der nach unseren Systemstandards alle Franchisepartner und Mitarbeiter regelmäßig geschult werden sollten, langfristig durchsetzen würde.

Nun hatte ich nach mittlerweile drei Jahren Selbstständigkeit einige große Meilensteine hinter mir gelassen. Ich war mit meinen Instituten recht erfolgreich, konnte als Referent in der Academy tätig sein, und war in der Entscheider-Position, das Gesicht der Marke mitentwickeln zu können. In kurzer Zeit hatte sich das kleine Lizenzsystem von einem Kosmetikstübchen in der Sonnenstudiokabine zu einem mittelständischen Franchisesystem entwickelt. Trotzdem knirschte es immer wieder im Getriebe mit unter anderem unzufriedenen Partnern und Geschäftsführern und auch den Gesellschaftern des Systems. Die entscheidenden Personen kommunizierten zu wenig miteinander. Aus meinen bisher gelebten Erfahrungen und meinem Wissen aus dem Studium hatte ich gelernt, dass sich nur durch ein strukturiertes und standardisiertes System, in dem sich jeder an Hierarchien und Abläufe hält, langfristig eine solide Substanz, Wachstum und der Erfolg einstellen. Unser Konzept sollte nicht immer wieder bei Engpasssituationen größere Katastrophen erleben, sondern souverän und strategisch auf Herausforderungen reagieren, um so langfristig eine Marktführerschaft auf- und auszubauen. Unzufriedene Kunden und Partner kann es gleichermaßen wie unzufriedene Arbeitgeber-Arbeitnehmer-Verhältnisse geben, wenn von Anfang an die gegenseitigen Erwartungshaltungen nicht klar kommuniziert werden. Dennoch konnte es zu befriedigenderen Situationen erst jetzt kommen. Vorher, als ich und eigentlich alle Partner des Systems noch ganz andere Probleme zu bewältigen hatten, war an solch ein Konzept gar nicht zu denken.

An dieser Stelle möchte ich kurz drauf eingehen, warum das ganze System von Anfang an so unstrukturiert aufgebaut war. Das Filial- und Franchisesystem hairfree entstand 2003 gewissermaßen aus einer existenziellen Notsituation heraus. Dieses Jahr hatte wie weiter oben bereits beschrieben unter anderem auch meiner Familie für viele Jahre das unternehmerische Genick gebrochen. Der Jahrhundertsommer war für Sonnenstudiobetreiber wie meine Mutter oder auch die Gründer von hairfree eine der verheerendsten Situationen, die sie aus unternehmerischer Sicht je erlebt hatten. In dieser Zeit habe ich durch meine Eltern sehr viel über das Unternehmertum und die damit verbundene Verantwortung gelernt: über die Kreditlinie, die Menschen, denen du Arbeit gibst und über deine eigenen Ängste. In einer aussichtslosen Situation, die Monat für Monat kein Ende zu nehmen scheint, habe ich gelernt, was es bedeutet, mentale Stärke zu entwickeln.

Mein heutiger Geschäftspartner Chris war bereits damals ein erfolgreicher Geschäftsmann mit vielen Sonnenstudiofilialen und stattete diese mit verschiedenen Geräten und Lichtröhren aus. Er arbeitete bereits seit Längerem an neuen Geschäftsideen und sah im Wellness- und Beautymarkt große Potenziale. So kam es auch, dass er mit einer neumodischen Haarentfernungsmethode schon erste Tests in seinen Sonnenstudios durchführte. Als dann langsam absehbar war, dass der Jahrhundertsommer große Umsatzeinbußen verursachen würde, kam er auf die Idee, mit der Haarentfernung ein bisschen aktiver in die Werbung zu gehen, und so kam in nur kurzer Zeit sein rettender Umsatz in die Kassen und hairfree war geboren.

Man sagt ja, aus der Krise entsteht Wachstum und Not macht erfinderisch – genau so war es auch mit hairfree: Ohne den Jahrhundertsommer hätte hairfree nie das Licht der Welt erblickt. In kurzer Zeit half mein heutiger Geschäftspartner damals einigen Sonnenstudiounternehmern mit der Haarentfernungsidee über die schweren Monate hinwegzukommen. So konnten schnell einige Fähnchen auf der Landkarte als Standorte gesetzt werden, an denen hairfree tätig war.

Man sagt ja, aus der Krise entsteht Wachstum und Not macht erfinderisch

Als ich während meines Studium mit hairfree in Berührung kam, entwickelte ich den Wunsch, dieses Shop-in-Shop-Konzept in einen Standalone-Markt zu implementieren – eine geradezu visionäre Idee. Verkaufstrainings, Serviceleistungen auf Premiumniveau am Kunden, die Positionierung der Marke hairfree im Segment und neue Standorteinrichtungen waren Teil meines Konzepts. In der Zentrale und in der Geschäftsleitung wollte ich den Aufbau und das Einhalten von Hierarchien und den Aufbau einer Konzernstruktur vorantreiben. Das war aber, mit Verlaub, für diese Unternehmer bis hin zur Geschäftsleitung einfach ungewohntes Terrain und überforderte viele. Die Partner wollten im Grunde machen, was sie wollten. Sie strebten nach Erfolg und ab und an ein bisschen Unterstützung, und wenn etwas anlag, wollten sie natürlich eine Chefbehandlung. Visionäres Denken, Kreativität und Kommunikation schienen in den Hintergrund gerückt zu sein. Kurzum, das gesamte Potenzial unserer hairfree-Marke war auf dem Weg, nach kurzem Aufglühen am Horizont bereits nach zwei, drei Jahren wieder in der Versenkung zu verschwinden – wäre da nicht dieser sture Wadenbeißer aus Frankfurt gewesen, nämlich der Jens. So schnell, wie ich in die Führungspositionen im Marketing und der Ausbildung gekommen war, so schnell wollte mich nach einer gewissen Zeit die Geschäftsleitung auch wieder loswerden. Ich war zum Störfaktor geworden, zumindest für diejenigen, die sich nicht von ihrem alten Standpunkt verabschieden wollten. Es kam, wie es kommen musste: Es gab auf der Führungsebene regelmäßig Querelen. Dass ich neue Konzepte brachte, war ja einerseits erwünscht, andererseits erhielt ich damit aber auch immer mehr Einfluss auf das gesamte Unternehmen und das machte den eigentlichen Chefs zu schaffen, deren Machtstellung sich dadurch natürlich veränderte. Ich hingegen wollte Erfolg und meine Existenz sichern, mir lag es fern, Konflikte heraufzubeschwören, aber gleichzeitig war es unumgänglich, dass es zu Konflikten kam. Ich dachte neu, jung und frisch – und hatte Erfolg damit. Meine Meinung ist, dass Erfolg immer recht hat und das ist bis heute mein größtes Erfolgsgeheimnis, denn ich lerne gerne von den Besten und hole mir diese ins Boot, um meine Marke nach vorn zu bringen. Wenn es sein muss, mache ich auch meinen Stuhl frei, wenn jemand etwas besser und erfolgreicher macht als ich. Genau das war aber der Konflikt, dem ich damals begegnete: Die Gesellschafter waren gleichzeitig Geschäftsführer und wollten einerseits den mächtigen Chefsessel nicht räumen, andererseits aber auf Gesellschafterebene eine gute Rendite generieren.

Meine Meinung ist, dass Erfolg immer recht hat

Das Unternehmen hatte zu diesem Zeitpunkt zwei Gesellschafter, einer von ihnen war mein heutiger Geschäftspartner, der schon damals ausgesprochen schlau und erfolgreich war. Er wusste schon immer, dass er als Anführer und Redner weniger stark agierte als Innovator, Techniker und Bindeglied in der zweiten Reihe. Daher suchte er sich für den Aufbau seiner Unternehmungen auch immer genau diesen Gegenpart als Geschäftspartner aus. Der größte Fehler, der damals in der Geschäftsleitung begangen wurde, war, die Gesellschafter gleichzeitig als Geschäftsführer einzusetzen. Das war jedoch insofern nachvollziehbar, als im Aufbau eines Unternehmens eben nicht das Geld da ist, sofort für jeden Bereich einen Spezialisten einzustellen. Für ein schnelles Wachstum des Unternehmens war diese Vorgehensweise jedoch Gift. Und mit meinem Eintritt in die Geschäftsführung trat dieses Gift auch zutage. Es ging in den meisten Diskussionen vielmehr um Ego, Machtstellung und auch Verlustängste als um Fachkompetenz und die Weiterentwicklung der Marke. Mit der Zeit begann eine regelrechte Mobbingtirade. Witzig eigentlich, noch vor einigen Jahren war ich das gemobbte Opfer in der Schule, jetzt war ich der gemobbte Macher in einer Machtstellung. Fakt ist, ich merkte schnell, dass die ganze Zusammenarbeit bald in einer Explosion enden würde.

Persönlich hatte ich mir im Grunde nie wirklich etwas vorzuwerfen. Ich spielte immer mit offenen Karten, übrigens eine Wertvorstellung, die ich jedem nur empfehlen kann, denn am Ende kommen hinterhältige Taten zum eigenen Vorteil immer heraus. Mental verabschiedete ich mich bereits vom Unternehmen und schämte mich schon fast für die Innovationen, für die ich eigentlich Anerkennung erhalten sollte – nur um die Geschäftsleitung als die unantastbaren Macher in ihrer Ehre nicht zu verletzen. Ich entschied mich dazu, meine Filialen in meiner Region allein und mit einem neuen Namen weiterzuführen, um dem gesamten Konflikt aus dem Weg zu gehen. Ich war und bin nicht der Typ, der mutwillig am Stuhlbein anderer sägt, das hatte ich in meiner Kindheit und Jugend am eigenen Leib selbst zur Genüge erfahren.

Ich spielte immer mit offenen Karten

Ein riesiger Wasserschaden in meinem dritten Institut in Darmstadt gab schließlich den Ausschlag. Ich hatte gerade die heikle Mitarbeitersituation hinter mich gebracht und die Eröffnung des Stockwerkes mit unserer neuen Errungenschaft, der Ausbildungsacademy, gefeiert, die sich in dem zweistöckigen, neuen Institut befand. Nach dem ersten, erfolgreich verlaufenen Seminar hatte ich nach vielem Hin und Her die Geschäftsleitung überzeugt, dass die Zentrale als Untermieter in die große Immobilie einzieht, um dort die Ausbildung aller Unternehmer und Mitarbeiter zu professionalisieren. Genau einen Tag vor dem ersten großen Verkaufsseminar platzte jedoch nach vielen Gewittern ein Wasserrohr und das gesamte im Souterrain liegende Stockwerk lief mit Wasser voll. In der Panik, die gebuchten Teilnehmer nicht enttäuschen zu dürfen, verlegte ich das Seminar in ein Hotel und begann, mit meinem Team und der Feuerwehr die Räumlichkeiten vom Wasser und Schlamm zu befreien. Während dieser Stressstunden hatte ich erstmals die wichtigsten Entscheidungen allein getroffen und umgesetzt, um der Situation wieder Herr zu werden. Leider vergaß ich darüber völlig, meine neuen Untermieter von der Situation in Kenntnis zu setzen, also die Geschäftsleitung, in deren Vertrauen ich dachte zu handeln. Dennoch war auch ohne Anruf bei meinen Untermietern die Information um das Ereignis schnell bis nach München durchgedrungen, dem damaligen Sitz der Zentrale der Gruppe. Statt eines Hilfsangebots bekam ich zwei Tage später ein Anwaltsschreiben mit dem Vorwurf, dass ich die Geschäftsleitung hintergangen hätte. Das muss man sich mal vorstellen. Ich stehe kniehoch im Wasser und versuche, alles zu retten, und bekomme dafür eine Abmahnung mit Androhung einer Klage von den Chefs. An dieser Stelle wurde mir schlagartig bewusst, dass ich mir keine weiteren Demütigungen und unverschämtes Verhalten sowie Seitenhiebe gegen meine gut gemeinten Konzepte mehr gefallen lassen konnte. In der Position, in der ich mich befand, war ich schließlich auch Arbeitnehmer und in dieser Stellung fühlte ich mich nicht mehr motiviert und gelobt, sondern im Gegenteil eher strategisch gemobbt. Und genau dies zwang mich zum Aufgeben. Ich beschloss, mich von hairfree zu trennen, das Maß war voll.

Als ich die Entscheidung bekannt gab, kam zum ersten Mal der vorher erwähnte, bis dato in zweiter Reihe befindliche Gesellschafter Chris auf mich zu und stellte mich zur Rede. Bis zu diesem Zeitpunkt hatte ich fast gar nichts mit ihm zu tun gehabt und war überrascht, weil ich sah, dass nicht die komplette Geschäftsleitung alles schlecht fand, was ich zur Entwicklung des Systems eingebracht hatte. Ich erzählte ihm von vielen Vorkommnissen der letzten Jahre und er bestätigte mir, dass er viele meiner Erfahrungen mit der Geschäftsleitung teilte. Chris entschloss sich, mir das Angebot zu machen, zu bleiben und gleichzeitig die Situation zu ändern. Ich könnte Anteile am Unternehmen kaufen und dann mit ihm gemeinsam das Unternehmen weiterführen. Ich winkte zunächst ab, weil ich mich mit diesem Angebot nicht wohlfühlte, es kam mir irgendwie falsch vor. Wenige Tage später erhielt ich jedoch von Seiten des anderen Gesellschafters die Nachricht, dass sich die Geschäftsleitung entschieden hätte, das Unternehmen zu verlassen. So entschied ich mich letztendlich dazu, als Gesellschafter in das Unternehmen einzusteigen.

Wenn ich meine ersten Jahre als Unternehmer bewerten müsste, wäre mein Fazit trotz aller Hürden, die zu überwinden waren und trotz aller Fehlschläge positiv. Es gab verschiedene Situationen, in denen ich sehr stark unter Druck stand und die ich vorab hätte besser organisieren können. Sicher wäre es zudem hilfreich gewesen, zunächst in einem Konzern in die Führungsebene aufzusteigen, um dort Erfahrungen zu sammeln. Allerdings hätte ich auf diese Weise erst einige Jahre später meinen eigenen Weg als Unternehmer einschlagen können.

Wo ich oft genauer hätte schauen sollen, waren die formalen und rechtlichen Angelegenheiten. Ich hatte bis zu dem Zeitpunkt noch nie mit Anwälten zu tun und habe meine Mietverträge, Mitarbeiterverträge und auch den Franchisevertrag ohne die Hilfe eines Experten abgeschlossen, was man nicht unbedingt machen sollte. Gleiches gilt für die grundsätzliche Herangehensweise an meine Selbstständigkeit. Ich denke immer wieder darüber nach, ob ich mich wirklich für hairfree entschieden hätte, wenn ich eine detaillierte Mitbewerber- sowie Marktanalyse durchgeführt hätte. Mein Bauchgefühl sagt mir, dass ich es nicht getan hätte, denn erst wenn man sich für den Kauf eines Opel Corsa entschieden hat, sieht man ihn auf einmal überall herumfahren. Genau so wäre es mir wahrscheinlich auch mit hairfree ergangen, ich hätte womöglich angenommen, dass der Markt bereits überfüllt sei und Ängste aufgebaut.

Ich muss sagen, dass es manchmal gar nicht so schlecht ist, ein wenig unbedarft an die Dinge heranzugehen. Auf diese Weise ist man nicht voreingenommen, denkt nicht negativ oder sieht Probleme, wo gar keine sind.

In jedem Fall würde ich ein Hauptaugenmerk auf die Finanzierung legen, wie wir es heute auch bei unseren Franchisepartnern tun. Sie darf auf keinen Fall zu eng geplant sein, oft fallen unvorhergesehene Zusatzkosten an oder der Eröffnungstermin verschiebt sich nach hinten. Entsteht dann Panik, überträgt sich das schnell auf die Belegschaft, was wiederum in den ersten Monaten kontraproduktiv für eine entspannte und motivierte Herangehensweise an den Verkauf ist.

Ein ganz wichtiges Thema ist die Liquidität. Ich habe in den ersten Jahren kaum einen Cent ausgegeben und immer alles für schlechte Zeiten zurückgelegt. Meine Angst vor einer möglichen Pleite sorgt auch heute noch dafür, dass ich großzügig Rücklagen bilde.

Imagepflege ist von großer Bedeutung

Auch sollte man eine zu enge Kalkulation meiden. Das führt zu regelmäßigem Ausreizen der Dispokredite sowie verspäteter Auszahlung von Mitarbeitern, Geschäftspartnern und Zulieferern, was sich im Nachhinein nicht zuletzt in Form von Zinsen wieder rächt. Auch das Image wäre im Zweifel davon betroffen. Die Imagepflege ist von großer Bedeutung. Ein verlässliches und vertrauenswürdiges Image, sowohl innerhalb des Unternehmens als auch nach außen, kann auch durch schwere Zeiten helfen und die eine oder andere Entgleisung abpuffern.

Für mich selbst habe ich im Laufe der Zeit festgestellt, dass ich unter Druck sehr fokussiert und zielorientiert arbeiten kann und mich deshalb als starke Führungskraft ganz gut eigne. Ich behalte die großen Aufgaben im Überblick und kann bei Details trotzdem kreativ und kompetent agieren. Auch meine Fähigkeit, eine Vision anschaulich zu formulieren und vorzutragen hilft mir dabei, bei der Belegschaft selbst in schlechten Zeiten immer das Positive in den Mittelpunkt zu rücken, um eines niemals zu verlieren: den Mut zum Erfolg.

Basislager 2

Nach den ersten paar Jahren meiner Selbstständigkeit saß ich nun in der Kommandozentrale mit mehreren Hunderttausend Euro Schulden. Ich hätte nicht gedacht, dass mir die neu erworbene Stellung auf einmal so viel Angst machen würde. Ich entwickelte doch schon seit Jahren das Unternehmen mit – was sollte es also geben, das ich über die Führung dieses Unternehmens noch nicht wusste? Wie ich feststellen durfte, sehr viel, und was ich ebenfalls feststellen durfte, ist, dass ich wieder einmal die Katze im Sack gekauft hatte. Mit viel zu wenig Ahnung hatte ich viel zu viel bezahlt, nur aus dem Wunsch nach Macht heraus und auf Basis meines Bauchgefühls habe ich ohne schlaue Berater aus der Franchise- und Finanzbranche gehandelt.

Ich merkte sehr schnell, dass ich zwei, drei Jahre zu früh in eine Position geraten war, die ich eigentlich noch gar nicht ausfüllen konnte. So absolvierte ich in der folgenden Zeit, wie ich es im Nachgang immer gerne sage, ein teuer bezahltes Managementpraktikum. Nur war es leider kein Praktikum, sondern das richtige Leben, und dafür zahlte ich sehr teure Seminargebühren in Form von Lehrgeld. Ich war als Franchisegeber von vielen Investoren abhängig und hatte die Verantwortung für viele Mitarbeiter und deren Existenzen. Es gehen nach wie vor jährlich circa 10 Prozent meines Umsatzes als Lehrgeld drauf. Darunter fallen Managementfehler, Fehlinvestitionen und Überraschungskosten, die jährlich entstehen.

Jahre zu früh in eine hohe Position geraten

Als Franchisepartner und später als Marketingbeauftragter des aufstrebenden hairfree-Unternehmens hatte ich ursprünglich noch den Vorteil, als Querdenker mit jugendlichem Leichtsinn über Grenzen treten zu dürfen. Das änderte sich schlagartig, als ich auf einmal Spieler des anderen Teams wurde und dadurch auf die Seite des vermeintlichen Feindes wechselte. Früher beschwerten sich Partner und Mitarbeiter bei mir als Sprachrohr zur Geschäftsleitung und nun veränderte sich die Situation über Nacht.

Damals war ich der Junge, der Wilde aus Frankfurt, dessen neuartige Konzepte und polarisierende Art die anderen gut gesichert in der Marketingabteilung aufgehoben sahen. Wenn ich es dann zu bunt trieb, konnte man ja zur Geschäftsleitung gehen und sagen, dass man diese neuen Seminare und Marketingkonzepte nicht wollte. Schließlich gab es die Möglichkeit, lieber bequem in der Kabine neben den Sonnenstudios weiterzumachen.

Zukunftsängste, deren Auswirkungen ich schnell zu spüren bekam

Jetzt war der ehemalige bunte Marketingfuzzi, so nannten mich übrigens despektierlich ein Teil der Anhängerschaft und der frühere Geschäftsführer, der uns verlassen hatte, auf einmal in letzter Instanz auch noch der Entscheider. Nun konnte ich zwar klare Vorgaben zur Zielrichtung des Unternehmens machen, aber das kam bei einigen nicht gut an oder schürte im ersten Schritt sogar Zukunftsängste, deren Auswirkungen ich schnell zu spüren bekam.

Zunächst habe ich gar nichts geändert, weil ich mich in der neuen Position erst mal selbst einfinden musste. Aber einige Partner warteten darauf erst gar nicht, sie fingen an, die Systemzentrale zu verklagen, um entweder schnell aus dem System zu gelangen oder im noch besseren Fall gleich durch eine Schadensersatzklage mit Gewinn herauszugehen. Nur warum und wofür eigentlich? Als die ersten Briefe in die Zentrale flatterten, war ich erst mal erschrocken und auch enttäuscht. Sie waren teilweise von Partnern, auf deren privater Couch ich noch gesessen und versucht hatte, ihnen in ihrem unternehmerischen Handeln als Coach und auch Freund zu helfen. Chris, mein Geschäftspartner, war in diesen Situationen nicht so überrascht wie ich. Er hatte sich schon daran gewöhnt, dass diese Rechtsstreitigkeiten jährlich in der Zentrale eintrudelten und klärte mich auf. Er meinte, dass wir als Franchisesystem bestimmten Kontrollen unterliegen, weil wir Existenzgründern mit unserem Konzept eine sichere Möglichkeit anbieten würden, um sich selbstständig zu machen. Es wäre aber auch normal, dass es nicht jeder schaffen würde oder nicht jeder Partner mit Neuerungen und guten Konzepten einverstanden sei. Neuerungen seien oftmals auch mit Investitionen und, na ja, Mehrarbeit verbunden, womit nicht jeder gleich einverstanden sei. Er erklärte, unser System sei sehr schnell aus der Not des Jahrhundertsommers entstanden. Das Bedürfnis vieler Sonneninstitutsbetreiber nach Existenzsicherung zum Gründungszeitpunkt und deren grundsätzliche Anliegen hätten mit dem heutigen Systemziel rein gar nichts mehr zu tun. Er meinte, es brodele schon länger im System, dass der Zeitpunkt des Ausbruchs jetzt mit dem Wechsel der Geschäftsleitung zusammenfiel, sei im Grunde nur Zufall.

Ich war geschockt und wieder wurde mir klar, dass nicht jeder so eine Einstellung hatte wie ich. Mit Ehrgeiz und Herzblut versuchte ich bereits einige Jahre zuvor in Frankfurt, mein Unternehmen zu retten, als ich in der Klemme steckte. Nie wäre ich auf die Idee gekommen, mein System zu verklagen. Aber ich muss zugeben, dass ich auch mit Verträgen und rechtlichen Dingen nicht so bewandert war. Deshalb hatte ich auch nie daran gedacht, meine Rechte aus dem Franchisevertrag geltend zu machen. Natürlich hatte ich auch am eigenen Leib erfahren, dass auf Fragen zu unternehmerischen Problemen aus der Zentrale keine wirklichen Antworten kamen. Deshalb wurde ich ja auch in den ersten Jahren so schnell Anlaufstelle der Partner – jetzt verstand ich langsam. So gab es Partner, die zwar zunächst mit dem ursprünglichen Marketingkonzept, das heißt dem Schalten von Printanzeigen, Erfolge erzielten. Im Anschluss daran haben sie aber nicht den Weg der Kaltakquise eingeschlagen und dadurch immer schlechtere Zahlen geschrieben. Der erste Hype der hairfree-Idee war in den Augen der kritischen Partner vorüber. Dadurch, dass sie jedoch noch in langfristigen Verträgen gebunden waren, die ich als frischgebackener und hoch verschuldeter Inhaber der Gruppe übernommen hatte, gingen sie auf mich los.

Die sogenannte 20–60–20-Regel

Es gibt die sogenannte 20–60–20-Regel, die für jede Neuerung in einem Unternehmen maßgebend ist. Bei jeder Umstrukturierung machen 20 Prozent der Mitarbeiter sofort motiviert als Meinungsführer mit – das sind oftmals die Macher- und Leader-Typen. Weitere

60 Prozent sind Mitarbeiter und Geschäftsführer, die nach einem ersten Veto über die neue Situation ihr Schicksal annehmen oder sich arrangieren. Schließlich erkennen sie das Positive an der Neuigkeit, befinden es für gut und nehmen daran teil, es sind die sogenannten Mitmacher-Typen. Und in der Regel 20 Prozent, meistens aber auch weniger, sind die Quengler und Bedenkenträger. Bei uns waren das in der Vergangenheit um die 6 Prozent. Sie haben im Regelfall deutliche Vorbehalte und werden früher oder später vom Unternehmen ausgeschlossen, weil sie niemals mitmachen werden.

Am Ende ist sich jeder selbst der Nächste

Ein Unternehmen ist niemals ein Nest, das einem Geborgenheit wie eine Liebesbeziehung gibt oder wie eine Familie Rückhalt bietet. Ein Unternehmen ist ausschließlich darauf ausgerichtet, Profite zu erzielen. Am Ende, wenn es um die eigene Existenz und um Ängste geht, ist sich jeder selbst der Nächste und verfolgt egoistisch seine Ziele, so auch bei diesen Partnern. Ich stellte fest, dass ich mit meiner offenen Herangehensweise eine bis dahin wichtige Regel des Unternehmertums und der erfolgreichen Führung gebrochen hatte und das war auch der Grund, warum ich über die Anwaltsschreiben so enttäuscht war. Ich hatte doch tatsächlich geglaubt, dass im Geschäftlichen das Wort zählt und dass man auch so etwas wie Freundschaften aufbauen kann. Das kann man auch, aber nur so lange, bis es existenziell ernst wird oder unbequem, dann lernt man seine Freunde auf einmal von einer anderen Seite kennen. Egoismus hin oder her, das Unternehmen durchlief wie jedes andere Unternehmen in den ersten fünf Jahren notwendige Entwicklungsstufen. In diesen Orientierungsphasen, während der Tanker schon auf hoher See unterwegs war, gab es öfter Kursänderungen. Bis mehr Klarheit über das Reiseziel in ruhigeren Gewässern erreicht wurde, musste noch einiges überstanden werden. Wir hatten jetzt einen Kapitänswechsel zu verkraften und es gab gleichermaßen Anhänger von mir wie auch Anhänger des alten Kapitäns und die waren natürlich nicht gleich mit dem neuen Kurs einverstanden. Doch wie alle anderen wünschten auch sie sich eine zukunftsweisende und klare Führung.

Um ganz ehrlich zu sein, hätte ich im Basislager 2 natürlich lieber mit einer positiveren Geschichte angefangen. Als ich die Anteile der Firma erwarb, dachte ich nicht im Traum daran, dass ich im ersten Jahr meiner Managerkarriere auf einmal die drei Länder, in denen wir tätig waren, bereisen müsste. Ich habe mit jedem Partner über die Zukunft im Unternehmen, ihre Erwartungen in der neuen Konstellation sowie ihre individuellen Karrierevorstellungen diskutiert. Ich dachte eher, dass sich mit meinem Eintritt in die Geschäftsleitung nunmehr alle freuen und in neue, schicke Institute investieren würden. Alle sollten das Gesicht der Marke möglichst perfekt repräsentieren können und zudem brav in die Academy gehen, um sich mit den neuen Premiumserviceleistungen auseinanderzusetzen. Sie galten ab sofort von Hamburg bis München, damit wir uns gegenüber allen Mitbewerbern erfolgreich abgrenzen sowie durchsetzen konnten.

Na ja, diese Traumvorstellung stellte sich zunächst leider nicht ein. Vielmehr kam der nächste Knaller. Während meiner regionalen Expansion mit meinen drei Instituten merkte ich schon, dass es nach und nach immer mehr Mitbewerber wurden. Ein Vorteil meiner Generation ist die Transparenz und Schnelllebigkeit der Märkte durch das World Wide Web. Das ist aber auch ein Nachteil, weil keine gute Idee dieser Welt lange im Verborgenen bleibt. Vielmehr springen viele Mitbewerber heutzutage zügig auf einen Markt auf und machen einem das Leben schwerer, als es sein müsste. So kam ich auch auf den ersten großen Beautymessen dieser Welt an und dachte, wir mit dem tollen Franchisesystem, das mittlerweile eine so wunderbare Basis aufgebaut hat, könnten jetzt mal eben fix viele Lizenzen verkaufen und großflächig expandieren. Da ich bis zu dem Zeitpunkt nichts mit dem Vertrieb und ganz besonders mit der Geräteentwicklung zu tun hatte, erreichte mich auf der Beautymesse in Düsseldorf der nächste Schock. Wo früher neben uns nur noch ein anderer Anbieter einen Messestand für apparative Kosmetik hatte, waren nun sage und schreibe 23 Anbieter mit ihren Techniken vor Ort – mir ging der Arsch auf Grundeis. Wir waren zwar die Einzigen mit einem Volldienstleistungskonzept, aber wir hatten preislich keine Chance gegen die Discount-Geräteanbieter, um die sich alle Kosmetikerinnen scharten.

Ein aufstrebender Wettbewerbermarkt und viele unzufriedene, systeminterne Partner fragten sich, wo denn nun mit dem Jens die Reise hingeht. Ich kann dir sagen, das waren wieder einmal keine Aussichten, die nach Glanz, Glamour und Status ausschauten, sondern eher nach Panikattacken und vielen schlaflosen Nächten. Einerseits repräsentierte ich mich bei meinen eigenen Filialen und auch auf großer Bühne vor den Partnern als der souveräne Geschäftsmann, aber Fakt war: Ich hatte Angst, wirkliche Angst. Ich war verzweifelt, weil ich mir vorwarf, zu naiv die Kredite für den Kauf der Gruppe aufgenommen zu haben und zudem hatte ich riesige Angst, pleitezugehen. Es waren einfach in kurzer Zeit viel zu viele Dinge, die mal wieder zusammenkamen.

Aber wie so oft fing ich nach den ersten Heulkrämpfen – Augen zu und durch – an, den großen Berg Arbeit in Angriff zu nehmen. Ich nahm mir vor, die negativen Einflüsse nicht überhand nehmen zu lassen und die vielen positiven Dinge, die mir wiederfuhren, mehr in den Mittelpunkt meiner Gedanken zu stellen. Das gelang mir auch ganz gut. Es gab nämlich in der Endabrechnung im Verhältnis viel mehr positiv gestimmte und motivierte Partner, die es super fanden, dass nun eine zukunftsweisende Umstrukturierung in der Zentrale losgetreten wurde, als negativ eingestellte. Wir mussten uns schnellstens neu positionieren: raus aus der Sonneninstitutskabine und weg vom Kosmetikstübchen-Image hin zum ernsthaften Serviceanbieter auf Premiumniveau. Nur das hatte aus meiner Sicht zukünftig genügend Substanz: wirtschaftlich auf Basis unternehmerischen Handelns eine qualitativ hochwertige Dienstleistung anbieten, um dann auf der Ebene des Endkunden jeglichen Ansprüchen genügen zu können.

Ein Unternehmensaufbau ist wie das Zusammensetzen eines riesigen Puzzles

Ein Unternehmensaufbau ist wie das Zusammensetzen eines riesigen Puzzles, das mit viel Geduld und vielen kleinen Korrekturen am Ende das richtige Bild ergibt, das des Kundenwunsches nämlich. Wenn wir es schaffen konnten, uns mit unserer Dienstleistung beim Kunden im Verhältnis zu den Mitbewerbern am klarsten zu präsentieren, so glaubte ich, würde sich dieses Konzept auch durchsetzen. Und genau so war es schließlich auch.

Zum Zeitpunkt der Übernahme war hairfree trotz seiner aus meiner Sicht schlechten Außenwirkung und Positionierung der bereits erfolgreichste Anbieter auf dem Markt. Das verursachte mir den größten Stress bei der Umsetzung der notwendigen Zukunftsausrichtung des Unternehmens. Man konnte sich das Unternehmen wie einen riesigen Öltanker auf hoher See vorstellen, bei dem auf Deck gerade eine Meuterei stattfand. Noch dazu war hoher Seegang und einige Piraten mit wendigen Speedbooten versuchten, den Tanker vom Kurs abzubringen. Eine Bremse konnte man auch nicht mal eben betätigen. Allein der Bremsweg bei einem so wuchtigen Schiff hätte im Verhältnis zur Energie, die man benötigt hätte, den Tanker wieder in Fahrt zu bringen, nichts gebracht. Also erst mal schön weiterfahren. Letztlich blieb mir nichts anderes übrig, als bei voller Fahrt voraus die Teams neu zu formieren, das meuternde Deck in Schach zu halten und uns zudem mit raffinierten Manövern die Piraten vom Leib zu halten.

Struktur, Klarheit, schlüssiges Handeln und Durchhaltevermögen

Struktur, Klarheit, schlüssiges Handeln und Durchhaltevermögen setzten sich schlussendlich durch und nach zwei Jahren der Einarbeitung hatte ich mich dann richtig in die neue Position eingefunden, meine ersten Verletzungen geheilt und mein Selbstvertrauen mehr als gestärkt für die vor uns liegenden Aufgaben. Ich ging aktiv auf Konsolidierungskurs und trennte mich von Partnern, die nach vielen Gesprächen und netten Motivationsgesten einfach nicht hinter der neuen Strategie standen. Ich stoppte die Expansion, um erst einmal intern im System die Strukturen wie Partnerbetreuung und das Ausbildungskonzept auszubauen. Zudem musste ich zu der Zeit den Gürtel richtig eng schnallen. Ich verzichtete auf Gehalt und sonstige Sperenzchen, weil der Tanker auf hoher See bereits monatliche Fixkosten im sechsstelligen Bereich produzierte. Des Weiteren trennte ich mich von einigen Mitgliedern meiner Führungscrew. Ich holte mir für viel Geld Berater ins Boot, die mein Know-how im Bereich Filialisierung, Franchise und Führung optimierten. Das sollte mich schnellstmöglich auf die Herausforderungen für meine Zukunftsstrategie, meiner Vision von hairfree, vorbereiten.

Bei der Gesundschrumpfung kam es aber gerade mit der Trennung von einem Führungsmitglied zu einem fatalen Fehler. Ich hatte in der Vergangenheit die Verträge nicht wirklich professionell geschlossen und zum damaligen Zeitpunkt waren die Trennungen im Verhältnis zu heute im System noch emotional und es wurde viel Erde verbrannt. Trennungen finden immer im Leben statt, aber damals war ich so überfordert mit mir und der Gesamtsituation, dass ich oftmals in Engpasssituationen zum kleinen, dominanten und zutiefst persönlich verletzten Zornigel wurde. Das war natürlich gar nicht gut in meiner Position. Wenn man sich von einer Persönlichkeit trennt, die ähnlich tickt wie man selbst, dann muss man damit rechnen, dass man im eigenen Unternehmen seine zukünftige Konkurrenz aufgebaut hat. Und so war es auch.

In den ersten Jahren, in denen ein neues Konzept am Markt reift, kommt es des Öfteren zu Fluktuationen oder zu abtrünnigen Partnern. Diese glauben, es allein besser zu können und machen sich in ihrer Region dann selbstständig. So war es beispielsweise auch bei McDonald's in den Aufbaujahren. Kurze Zeit nach der besagten Trennung eröffnete in einer absoluten Premiumlage wenige hundert Meter von meinem Geschäft entfernt ein ehemaliger Kollege Lukas einen riesigen Laden und ging mit einem überdimensionalen Werbebudget an den Start. Es begann ein Kampf auf Leben und Tod – oder vielmehr ein Kampf der Superegos um ihre Ehre und, letztendlich auch finanziell gesehen, um Marktanteile und viel Geld. Es gab eine Rabattschlacht und gegenseitige Testkäufe mit Abmahnungen. Zudem bekriegten wir uns auf Messen und beim Ergattern von Promotionsflächen. Ich hatte eigentlich gar keine Zeit, mich um den unternehmerischen Kriegsschauplatz eines regionalen Marktes zu kümmern. Ich hatte auf nationaler Ebene mit einigen Baustellen zu kämpfen und musste außerdem die gesamte Gruppe in den Griff bekommen. Ich war aber auf die Gewinne und guten Umsätze meines regionalen Institutes angewiesen. Denn ich hatte mich ja dazu entschieden, im Gesamtsystem zu konsolidieren und die Expansion zu stoppen, um dann aus einer gestärkten Struktur wieder durchzustarten.

Ich muss ehrlich zugeben, dass ich die Hosen richtig voll hatte, da ich nun nicht mehr mit irgendeinem kleineren Filialisten oder einer einzelnen Kosmetikerin zu tun hatte, sondern mit einer von mir selbst erschaffenen Führungskraft Lukas. Er kannte das komplette, interne Know-how von hairfree und die ganzen Angriffsflächen, und hegte außerdem noch einen Groll gegen mich. Die Endphase dieses Macht- und Dominanzkampfes war der Hammer, wirklich der Hammer. Eines Tages rief die Geschäftsführerin aus dem Institut in Darmstadt an und meinte, dass nun rechts und links von unserem Geschäft Laufstopper mit einer Rabattaktion des neuen Mitbewerbers und ehemaligen Kollegen Lukas stehen würden. Fast unnötig, an dieser Stelle zu erwähnen, dass mein Konkurrent auch versuchte, meine Geschäftsführerin, mit der Aussicht auf das doppelte Gehalt, abzuwerben. Zum Glück blieb sie uns aber erhalten – eine Geste, die ich ihr bis heute hoch anrechne. Ich konnte es nicht fassen, aber es war so. Lukas hatte mit meinen Geschäftsnachbarn eine Kooperation geschlossen und nutzte fortan deren Laufstopper als Werbeplattform für sein Geschäft. Sie waren links und rechts neben meinem Geschäft platziert – die Krönung also. Gleichzeitig buchte er beim gegenüberliegenden Parkhaus alle Citylight-Poster und platzierte seine Werbung darauf. Mir wurde langsam bewusst, dass man mit Dominanz und falschen Eitelkeiten im Leben keinen Meter vorankommt: Diesen Psycho- und Existenzkrieg konnte keiner gewinnen, denn schlussendlich wirken sich solche Verhaltensweisen auf die Branche, das Produkt sowie auf die Endkunden aus. Diese verlieren irgendwann das Vertrauen und das hilft keinem weiter. Schlussendlich kommunizierten wir damals über meinen Geschäftspartner Chris, der guten Seele aus der zweiten Reihe, und schlossen einen Waffenstillstand. Wir nahmen uns vor, in friedlicher Koexistenz zu leben.

Diese Episode konnte mir einige Erfahrungswerte mitgeben. Zum einen merkte ich, dass Wettbewerb das Geschäft tatsächlich eher belebt als andersherum. Zum anderen profitierten wir beide von der Werbung des anderen, setzten sogar einen Trend und viel mehr Menschen zeigten Interesse an dem Produkt »dauerhafte Haarentfernung«. Es wurde auch klar, dass in einem wachsenden Markt mehrere Mitbewerber erfolgreich nebeneinander existieren können und so gab mir diese Situation viel Selbstvertrauen für die Zukunft. Sollten noch mehr starke und ernstzunehmende Mitbewerber Shops eröffnen, war ich gewappnet. Ich fing an, vermehrt an der Qualität unseres Produktes zu arbeiten, um unseren Verfolgern immer einen innovativen Schritt voraus zu sein. Bis heute waren wir in dieser Hinsicht sehr erfolgreich und gelten als Marktführer in Deutschland, der Schweiz und Österreich.

Der gesamte Ärger mit Lukas war im Nachhinein eine große Lehrstunde, weil ich begriff, wie man sich auf Augenhöhe und einer Sachebene ohne Drama von Kollegen trennt. Ich erkannte auch, dass das Sprichwort »Man sieht sich immer zweimal im Leben« tatsächlich zutrifft. Demut wurde zu dieser Zeit für mich ein immer größeres Thema, und ich merkte, dass ich mit Demut nur gewinnen konnte. Konflikte lassen sich auf dieser Ebene schnell und unkompliziert lösen. So kam es auch, dass ich irgendwann auf Lukas zuging, wir uns aussprachen und wir heute wieder bei hairfree auf Augenhöhe und sehr erfolgreich zusammenarbeiten. Ich habe gelernt, dass eine demütige Haltung im richtigen Moment im Leben am Ende immer siegt. Man hinterlässt einen guten Eindruck und kann sich trotz ausgetragener Konflikte wieder auf Augenhöhe begegnen.

Doch warum haben wir diese Pause voneinander überhaupt gebraucht? Ich denke, dass wir – wie in einer Ehe – erst sehen mussten, dass wir gut zusammenpassen. Wir mussten auch erst erkennen, dass wir gemeinsam mehr erreichen konnten als allein. In der Phase, als ich mir voller Demut einen Zacken aus der Krone brach und auf Lukas zuging, um ihm das Angebot zu machen, wieder mit mir zusammenzuarbeiten, war ich bereits in einem Führungscoaching, das mir dabei half, mich mehr und mehr zu reflektieren, um den Herausforderungen, die tagtäglich vor mir lagen, besser begegnen zu können. Meine Entwicklung, so kann man sagen, nahm vom kleinen Existenzgründer zum Manager eines international agierenden Unternehmens Fahrt auf und so stellte ich langsam auch meine Art der Führung um. Auf einem Seminar lernte ich, welche Führungstypen es in Unternehmen gab und dass jeder dieser Führungstypen erfolgreich sein konnte. Mir war eines klar: Ich wollte nicht mehr der Schäferhund sein, der einsam und aggressiv, aber dafür mächtig in der Ecke lag und dem niemand vertraute – das war nichts für mich.

Wenn ich heute in meinen Unternehmercoachings davon spreche, wie man ein erfolgreiches Team aufbaut, dann nehme ich immer die bereits erwähnte Schafsherde als Beispiel, an der ich Führung erkläre. In einer Schafsherde gibt es den Hirten, die Leitschafe, die restlichen Schafe, die schwarzen Schafe und die Schäferhunde. Alle haben ihre Aufgaben, um zur Effizienz der Gruppe und damit zur Zielerreichung beizutragen. Stellen wir uns einmal vor, die gesamte Schafsherde steht vor der Herausforderung, einen reißenden Fluss mit vielen Krokodilen zu überqueren, um am rettenden Ufer die frischen und für das Überleben der Gruppe notwendigen Weidegründe zu erreichen. Es gibt mehrere Möglichkeiten, diesen Fluss als Gruppe zu überwinden. Die Frage ist, welches Endergebnis man erreichen möchte. Man kann die Schäferhunde beauftragen, den letzten Schäflein so lange in die Hinterbeine zu beißen, bis alle voller Panik losspringen, um am rettenden Ufer wieder anzukommen. Die Kleinsten und Schwächsten werden dabei ertrinken oder gefressen, es wird viele Verletzte geben und am Ende kommt eine reduzierte Anzahl von Schafen am rettenden Ufer an. Die Gruppe wird zwar überleben, doch es stellt sich die Frage, ob man sich das leisten kann, wenn es solche Situationen jährlich mehrmals gibt. Auf jeden Fall kann so die Substanz eines großen, gefestigten Teams, dessen Umgang auf Vertrauen und Zusammenhalt und nicht auf Dominanz und Druck basiert, niemals entstehen.

Eine andere Alternative wäre, dass der Hirte seinen Leitschafen erklärt, dass sich am Ufer gegenüber die Weidegründe für das sichere Überleben der Gruppe befinden, der Gang durch den reißenden Fluss also unumgänglich ist. Er erklärt den Weg durch den Fluss auf Basis gemachter Erfahrungswerte aus der Vergangenheit und versucht, den richtigen Zeitpunkt zu finden – wenn die Krokodile gerade Mittagsschlaf halten und keine Lust haben, Jagd auf die Lämmer zu machen. Zudem bindet der Hirte die Leitschafe in die Entscheidung mit ein, sodass sie Ideen mit einbringen können. Beispielsweise werden die älteren Schafe auf den Rücken von jüngeren befestigt. Das Ziel ist, die Gruppe insgesamt mit wenigen Verlusten ans sichere Ufer zu bringen. Die Leitschafe geben nach der Verabschiedung des Konzeptes dieses dann der Herde in einem Meeting weiter. Sie werden letzte Ängste bei der Belegschaft ausmerzen und die, die sich so gar nicht trauen, ins Wasser zu springen, bekommen von den Schäferhunden einen Stupser. So haben alle ihre Aufgabe.

Wenn ich in Coachings die Führungskräfte frage, welche Geschichte ihnen besser gefällt, ist die Antwort klar: Jeder würde es vorziehen, abgeholt zu werden, um dann vertrauensvoll in der Geborgenheit des Teams den reißenden Fluss zu überqueren. Ich weiß nicht, in welcher Situation du dich gerade befindest, ob du Arbeitnehmer in einem Team, Führungskraft in einem Konzern oder Chef in deinem eigenen Unternehmen bist. Aber vielleicht kann dir die Geschichte dabei helfen, herauszufinden, welchen Part du und welchen dein Team bei der Flussüberquerung übernehmen würde.

Für mich hatte zu dieser Zeit meine Entwicklung als Manager so richtig Fahrt aufgenommen. Ich hatte gelernt, wie ich mich in vielen Situationen besser hätte verhalten können. Ich war nun auch bereit, mich zu ändern: Das war der Beginn meines Weges, weg vom Schäferhund hin zum Hirten. Ich hatte begriffen, dass kritik- und druckvolles Führen mehr Widerstand auslöst als das Führen über Vertrauen. Mit meinem autoritären Führungsverhalten konnte ich auf Dauer keine Herde aufbauen, die mir durch die reißenden Flüsse meines Unternehmensweges folgt. Mir war zwar klar, dass ich nicht mehr der Schäferhund sein wollte, aber es war eine riesige Überwindung notwendig, mich dieser neuen Entwicklung zu stellen. Der fehlende Mut, mich vertrauensvoller und verletzlicher darzustellen, lag eindeutig im Zusammenhang mit meiner fehlenden inneren Stärke, meinem Selbstwertgefühl, das nach vielen Misserfolgen sehr in Mitleidenschaft gezogen war.

Der größte Erfolg in einer Firma steht und fällt mit der Art der Führung

Ganz klar wurde hier der Grundstein für unser heutiges Führungskonzept gelegt. Es war an der Zeit, umzudenken, denn sowohl ich als auch mein Team vergeudeten viel zu viel Energie aufgrund von fehlender Kommunikation und Unstimmigkeiten. Ich begriff, dass kein Mensch wirklich unmotiviert ist, es sei denn, er hat keine Ziele und ein Team hinter sich, das keine Anerkennung für erbrachte Leistungen braucht. Beides war bei uns noch nicht wirklich ausgereift und so begab ich mich in die Lehre, um schnellstmöglich dafür zu sorgen, dass unser Betriebsklima sich verbesserte, die Mitarbeiter motiviert waren und dementsprechend die Erfolge zunahmen.

Der größte Erfolg in einer Firma steht und fällt mit der Art der Führung und Förderung der eigenen Mitarbeiter. Wenn ich es als Chef schaffe, ein Arbeitsverhältnis herzustellen, in dem alle auf Augenhöhe respektvoll und wertschätzend miteinander umgehen, kann es kaum zu Irritationen und Unwohlsein kommen. Neben fachspezifischen Fragen ist es immens wichtig, als Chef genau zu wissen, was man erwartet und welche Ziele man mit dem Unternehmen verfolgt. Wenn ich diese Vorstellungen glasklar an meine Teams kommuniziere und dann das Wichtigste dabei berücksichtige, nämlich die Teams zu fragen, ob sie bereit sind, meinen erklärten Ziel zu folgen, dann ist ein großer Schritt zu einem guten Betriebsklima erreicht. Wenn ich es dann noch schaffe, meinen Mitarbeitern das Gefühl zu geben, dass sie mir all ihre Ängste und Bedenken mitteilen können, dann erreiche ich mitunter die Königsklasse der Führung. Wenn meine Mitarbeiter offen über ihre Schwächen und Sorgen sprechen, kann ich einfühlsam darauf eingehen und mit Trainings und weiterer Unterstützung am Arbeitsplatz das Sicherheitsgefühl vertiefen und damit das Vertrauen in die Firma stärken. Im Ergebnis haben sie mehr Selbstvertrauen und damit mehr Erfolg beim Kunden. Diese wiederum spüren am ehesten, ob das Unternehmen von innen heraus gesund aufgestellt ist. Gemeinsam wird eine Marschroute festgelegt, die verfolgt wird. Über Zwischenziele wird noch einmal das Vorgehen reflektiert und alles Weitere besprochen. So hat jeder die Möglichkeit, sich einzubringen, Verantwortung zu übernehmen und am Erfolg teilzunehmen. Teammeetings, die regelmäßig stattfinden, sind ein Muss, nur so ist es möglich Fehler zu erkennen und aus ihnen zu lernen.

Neben dem großen Thema Führung hatten wir aber noch an einer anderen großen Baustelle zu arbeiten, die wieder in den Vordergrund rutschte. Wir waren bei den Endkunden zwar als Gesamtkonzept recht überzeugend, aber eine Vielzahl von ihnen entschied sich nach Beratungsgesprächen häufig für unsere Mitbewerber, die preislich unter uns lagen, wir waren schlichtweg zu teuer. Also beschloss ich, näher darauf einzugehen, analysierte, welche Kunden- und Altersgruppen bei uns in der Behandlung waren, und überprüfte zum wiederholten Male genau den Umgang unserer Mitarbeiter mit den Kunden. Ich merkte sehr schnell, dass der Preis nicht das Problem war, sondern vielmehr die fehlende Emotion im Beratungsgespräch gepaart mit der mangelnden rhetorischen Stärke unserer Mitarbeiter. Einer Vielzahl von Kolleginnen fiel es schwer, den Kunden zu begeistern, um ihn in den sicheren Hafen des Abschlusses zu bringen.

Durch die Optimierung unserer Beratungsqualität verhinderten wir, dass wir den allgemeinen Marktgesetzen folgen mussten: Wir mussten bei zunehmendem Wettbewerb nicht mit einem Preiskampf beginnen, sondern änderten sukzessive die Präsentation unseres Produktes beim Kunden. Wir zeigten dem Kunden, dass wir für das kostbare Gut, seine Haut, der beste und einzigartige Anbieter waren, den er auf dem gesamten Markt finden konnte. Eine ganz wichtige Einstellung, die uns bislang immer zu Erfolg verholfen hat, ist, dass wir und insbesondere ich, kein Problem damit haben, den komplizierten und anstrengenden Weg im Leben zu gehen. Wahrscheinlich habe ich mir das gewohnheitsgemäß seit der Jugend so antrainiert, sodass ich gar nicht auf die Idee komme, dass auch mal etwas mühelos und einfach funktionieren kann. Eine weitere wichtige Einstellung ist, dass ich nie davon ausgehe, dass mein Gegenüber etwas falsch gemacht hat, sondern immer sofort darüber nachdenke, was ich in der Kommunikation hätte besser machen können. Das mag zwar sehr umsichtig und teilweise auch schwach klingen, aber genau diese Einstellung hat uns nicht in den Preiskampf ziehen lassen.

Natürlich lässt sich kein Produkt von heute auf morgen rhetorisch optimal präsentieren. Also fasste ich den Beschluss, mit zwei meiner Coaches der Academy die Schule der Nummer 1 der Verkaufstrainer aufzusuchen. Dort ließ ich mich, obwohl ich dachte, dass ich mich gut verkaufen konnte, zum Verkaufsexperten ausbilden. In diesen Seminaren lernte ich viel über Psychologie und Kundenbedürfnisse, die wir sodann gleich in die Praxis umsetzten – mit Erfolg. Wir konnten unsere Umsätze dadurch bis heute mehr als verdoppeln und dieses Konzept hat uns in eine große Vormachtstellung auf dem Gesamtmarkt gebracht.

Eine neue Ära war bei hairfree eingeläutet. Endlich hatten wir Antworten auf die Kundenaussagen, die uns des Öfteren begegneten: »Das ist mir aber zu teuer« oder »Das brauche ich nicht« oder »Das überlege ich mir noch mal« oder »Das interessiert mich nicht«. Auf dem Seminar mussten wir als erste Übung zehn Gründe nennen, warum ein Kunde unser Produkt auf jeden Fall kaufen sollte. Uns selbst fiel nur eine Handvoll ein. Hier fing die harte Arbeit an und hörte schlussendlich mit einem Ausbildungsordner von über 200 Seiten auf. Bis zu diesem Zeitpunkt dachten wir wie gesagt, wir seien gut im Verkauf. Aber als wir nach zwei Jahren Coaching aus der Kaderschmiede kamen, waren wir in der Lage, emotional und erfolgreich über unser Produkt zu sprechen. Die Kunden, die vorher dachten, »Ich lasse mich bei hairfree beraten und beim günstige-

Eine neue Ära war bei hairfree eingeläutet

ren Anbieter behandeln«, konnten wir erfolgreich bei uns zu einem Abschluss bringen. Endlich hatten wir die Instrumente an der Hand, um eine Abschlussquote von über 80 Prozent zu erreichen.

Langsam kam in alle Abteilungen Struktur und Klarheit und der große Tanker war in ruhigeren Gewässern unterwegs. Wir hatten den Endkundenmarkt sehr gut im Griff und hatten ein gewinnbringendes, regionales Marketingkonzept aufgebaut, welches interessierte Kunden auf uns aufmerksam machte. Das Ausbildungskonzept war ausgeklügelt und die Führungsebene hatte sich neu formiert. Jetzt hätte ich eigentlich in den Urlaub fahren oder es ein bisschen langsamer angehen können, stattdessen wollte ich nun endlich loslegen, das Gesamtsystem nach vorn zu bringen, um meine Vision in die Umsetzung zu bringen. Wir waren nun so aufgestellt, dass wir wieder in die Expansion gehen konnten, hatten wir doch einige Lehrjahre hinter uns gelassen, viel Lehrgeld gezahlt und zudem in viele Innovationen und neue Strukturen investiert. Jetzt sollten die Kassen gefüllt und die Früchte der harten Aufbauarbeit geerntet werden.

Es gab zwei Strategien, die ich parallel umsetzen wollte. Zum einen wollte ich viele Franchisepartner gewinnen, die in ihren Regionen die Marke hairfree nach vorn bringen sollten, und zum anderen wollte ich in den wichtigsten Städten Deutschlands eigene strategische Flagshipstore-Institute eröffnen, um die Marke bekannt zu machen. Die Idee an sich hörte sich gut an, aber in der Umsetzung gab es tatsächlich ein paar Probleme mehr als gedacht.

Ich überlegte mir, dass es vorteilhafter wäre, wenn wir, statt wie zuvor in günstigen Randlagen, unsere neuen Institute in absoluten A-Lagen in der City eröffnen würden. Damit wollte ich erreichen, dass wir auf Dauer die anspruchsvolle Kaltakquise von Kundenkontakten mit Laufkundschaft kompensieren konnten. Beim Verhandeln von Immobiliengeschäften hatte ich schon einige Erfahrungswerte und so überlegte ich mir, dieses neue Standortkonzept zunächst in Frankfurt umzusetzen. Parallel dazu gab es noch die Möglichkeit, ein Institut in Düsseldorf zu übernehmen. So kam es, dass ich parallel mit zwei Instituten in sehr teure und großzügig gestaltete neue Räumlichkeiten umzog, um mit hairfree einen neuen Weg der Repräsentation zu beschreiten. In Frankfurt wählte ich im noblen Sachsenhausen eine Top-Immobilie, an der 50.000 Autos am Tag entlang fuhren, der U-Bahnausgang in unmittelbarer Nähe war und zudem 50 Meter weiter eine erfolgreiche Parfümeriekette und weitere große Marken ihre Standorte unterhielten. Der Nachteil an solchen Immobilien ist natürlich, dass die Miete schwindelerregend hoch ist. Dadurch stieg der Fixkostenapparat dementsprechend an.

Meine Franchisepartnerin Elfi, die mit drei Instituten im Osten erfolgreich seit einigen Jahren durchstartete, arbeitete schon länger eng mit mir zusammen. Sie ist ebenso ehrgeizig wie ich und war von Anfang an daran interessiert, bei der Entwicklung von hairfree auf entscheidender Ebene teilzuhaben. Daher bot ich ihr an, gemeinsam mit mir die Filialstrategie umzusetzen. Ich hatte mit der Franchisezentrale sehr viel zu tun und konnte Unterstützung gut gebrauchen. Ich war mir sicher, dass es mehr als sinnvoll war, wenn ich mein Wissen und meine Kompetenz mit einer ebenfalls ehrgeizigen und erfolgreichen Franchisepartnerin zusammenbringe, um sodann mit Vollgas viele Filialen zu eröffnen.

Im Nachhinein betrachtet waren wir sehr überheblich, möglicherweise auch sehr naiv an die Filialstrategie herangegangen. Woher hätten wir wissen sollen, welche Kompetenzen uns aus Führungssicht fehlten? Wir hatten angenommen, dass wir wie bei unseren ersten Instituten mit gemachten Erfahrungswerten und einem verbesserten Standortkonzept schnell ein paar Filialen mehr ohne Probleme hinnehmen konnten. Wir legten unsere Standorte in einer gemeinsamen Gesellschaft zusammen, beantragten einen Kredit für unsere Filialstrategie und schon ging es los mit den Umzügen und Neueröffnungen in Frankfurt und Düsseldorf. Da waren schnell einige Hunderttausend Euro weg. Außerdem investierten wir auch einiges in neue Mitarbeiter. Wir stellten Assistenten und eine Buchhalterin ein, die alle Elfi als Geschäftsführerin der neuen Filialstrategie zuarbeiten sollten.

Wie so oft bei neuen Wegen, gab es einige Herausforderungen, die wir zu lösen hatten, als wir schon unter Druck in vollem Gang das Projekt umsetzten. Wir hatten beispielsweise nicht bedacht, dass die alten Teams nicht sofort mit Elfi und deren Führung klarkommen würden. Insbesondere meine Teams konnten sich nicht so rasch an die neue Führung gewöhnen, wie wir das auf Umsatzebene benötigt hätten. Auch für mich und Elfi war das neue Verhältnis ungewohnt, waren wir doch auf einmal Geschäftspartner. Zudem war sie nun für die Filialen zuständig, die vormals meine Babys und lange Zeit Haupteinnahmequelle darstellten.

Aus heutiger Sicht kann ich sagen, dass die Einarbeitung eines neuen Geschäftsführers mindestens ein Jahr dauert und dass diese sehr behutsam erfolgen muss. Elfi wollte genau wie ich schnelle Erfolge, denn nun mussten teure Mieten und hohe Kredite finanziert werden. Es entstand eine Drucksituation, in der ich von Elfi forderte, tolle Umsätze zu generieren – so schnell wie möglich. Als der Kontrollfreak, der ich damals noch war, konnte ich auch an der Front keine Ruhe geben und störte ständig Elfis Führung. Einerseits wollte ich Elfi alles machen lassen, andererseits hatte ich die Teams über Jahre hinweg selbst aufgebaut und so sehr an meine direkte Führung gewöhnt, dass die Damen trotz des Respekts gegenüber Elfi immer wieder an mich herantraten und ihr Unwohlsein mit der neuen Situation kommunizierten. Ich wiederum hatte dann natürlich nichts Besseres zu tun, als Elfi emotional und mit Nachdruck zur Rede zu stellen. Die längste Zeit, die Elfi aus Unmut, Angst und Wut nicht ans Telefon ging, wenn ich anrief, betrug fast einen Monat.

Parallel malte ich mir angesichts der immer schlechter werdenden Zahlen ein Horrorszenario für diese Gesellschaft aus und fing bereits an, meine Filialen wieder an mich zu reißen – allerdings ohne dies mit Elfi zu kommunizieren. Ich hatte Panik, dass vonseiten der Mitarbeiter bald Kündigungen in die Zentrale flattern würden und dass ich mit dem weitaus höheren Fixkostenapparat in absehbarer Zeit ohne Belegschaft dastehen würde – und das mit zwei großen Flagshipstores in A-Lagen. Meine Panik wurde immer größer und die Zahlen schossen aufgrund des schlechten Betriebsklimas nach unten. Die Franchisepartner sollten davon nichts erfahren, damit sie das Vertrauen in die Marke nicht verlieren. Kurze Zeit später erfuhr ich, warum Elfi sich über einen längeren Zeitraum nicht mehr bei mir zurückgemeldet hatte: Sie hatte die Entscheidung getroffen, das Unternehmen zu verlassen, sie konnte und wollte diesem psychischen Druck nicht mehr standhalten. Eigentlich hatten wir mit der Selbstständigkeit angefangen, um mehr im Leben zu erreichen. Doch das, was hier innerhalb kürzester Zeit entstanden war, wollte keiner von uns beiden. Elfi teilte mir ihre Entscheidung in einem Gespräch in Frankfurt mit. Nach außen reagierte ich cool und gelassen, aber innerlich brach ich zusammen. Ich hatte nun neben dem Berg Arbeit in der Franchisezentrale nicht nur meine eigenen Institute zu führen, die am Tiefpunkt angelangt waren, sondern sollte auch die Standorte im Osten übernehmen, die Elfi in die neue Gesellschaft eingebracht hatte. An diesem Tag merkte ich, dass es an der Entscheidung von Elfi nichts mehr zu rütteln gab. In Elfi hatte ich eine ebenbürtige Partnerin gehabt – im Nachhinein war dies vermutlich auch das Hauptproblem des großen Schlamassels. Wir hatten nie die Kompetenzen und Zuständigkeitsbereiche klar abgegrenzt und auf Basis eines professionellen, strukturierten Systems gearbeitet.

Als Elfi die Gesellschaft verließ, war ich im höheren sechsstelligen Bereich in den Miesen, hatte verängstigte Mitarbeiter in den Oststandorten, die nicht wussten, was auf sie zukam, hatte meine alten Teams mit schlechter Laune und zwei riesige Flagshipstores mit sehr teurer Miete in Frankfurt und Düsseldorf. Zudem war es Anfang November und die große alljährliche hairfree-Convention stand kurz bevor. Bei der Convention kommen alle Partner und Mitarbeiter zusammen, um die Erfolge des Geschäftsjahres zu feiern. Es werden Preise für besondere Leistungen übergeben und die Aussichten und Ziele für die nächsten Jahre kommuniziert. An zwei Tagen finden tolle Präsentationen statt und die geschäftsführenden Mitarbeiter der Unternehmensgruppe übernehmen dabei viele repräsentative Aufgaben.

Ich fragte Elfi, ob sie womöglich noch die bereits geplante Präsentation beim Jahresevent halten könnte, um am Ende trotz ihrer Entscheidung, uns zu verlassen, keinen großen Imageverlust zu hinterlassen. Sie willigte ein und wir arbeiteten gemeinsam und ohne einander Vorwürfe zu machen auf den großen Event hin. Ich merkte, dass Elfi allem Anschein nach noch nicht ganz das Boot verlassen hatte, sondern vielmehr gekränkt und niedergeschlagen wegen unserer Zusammenarbeit erst mal Luft gebraucht und sich mit ihrer Entscheidung zu gehen, Distanz verschafft hatte. Ich merkte ebenfalls, dass ich in vielerlei Hinsicht der Störfaktor gewesen war. Ich hatte nicht offen und ehrlich genug über meine Ängste und Gefühle mit ihr gesprochen und hatte, anstatt sie zu unterstützen, ihre Autorität mehrfach untergraben. Das lag auch daran, dass ich das Thema vertrauensvolles Delegieren noch nicht wirklich verinnerlicht hatte. Ich war oftmals überzeugt davon, dass ich ohnehin alles viel besser konnte. Schlussendlich musste ich jedoch wie bereits in anderen Situationen einsehen, dass ich die ganze Zeit das Problem war. Diese Erkenntnis war sehr hart für mich, dennoch kam sie erst zum Zeitpunkt der Krise und des Konflikts. Ich wusste, dass ich das Potenzial in mir trug, ein erfolgreicher und beliebter Chef zu werden – leider hatte ich auch das Potenzial in mir, ein unausstehliches Ekel zu sein. Das war der langjährige Konflikt, der mich in meiner Karriere immer wieder zurückwarf. Ich erkannte, dass ich etwas tun musste: mir selbst an die Nase fassen. Der lehrreiche Satz, dass man an anderen in der Regel immer das kritisiert, was man zunächst bei sich selbst bereinigen sollte, bewahrheitete sich. Mir war klar geworden, dass ich mir immer wieder als Mensch im Weg stand, weil ich mein nicht vorhandenes Selbstvertrauen auf meine Umwelt übertrug und dieser gegenüber immer wieder misstrauisch eingestellt war. Die Zusammenarbeit mit Elfi hatte mich emotional in den roten Drehzahlbereich gebracht. Da mich Elfi aber schon einige Zeit kannte, bemerkte sie in dieser Zeit auch die Veränderungen an mir. Sie wusste wie kein anderer, dass das nicht nur gespielt war. Ich war durch die harte Bremse, die Elfi gezogen hatte, nun auf einem Entwicklungsweg, der mich zu einer

Ich war die ganze Zeit selbst das Problem

reiferen und respektvolleren Führungskraft machte, die von nun an wirklich und verbindlich delegieren wollte. Ich merkte einmal mehr, dass das Sprichwort »Der Fisch fängt immer am Kopf an zu stinken« tatsächlich zutraf. Wenn die innere Klarheit nicht da ist und man dann versucht, Menschen zu führen, führt das am Ende nur zu vielen Verletzungen und Umsatzverlusten.

Meine Führung als Schäferhund hatte ein jähes Ende gefunden, das schwor ich mir. Die Härte und Unverletzbarkeit, die ich nach außen spielte, wendete ich seit Jahren auch auf mich an und damit sollte jetzt Schluss sein. Ich nahm mir vor, ehrlicher, geduldiger und netter mit mir umzugehen, und das klappt bis heute sehr gut. Elfi merkte während des Jahresevents bereits, wie sehr sie an hairfree hing und wie ungern sie dieses Juwel verlassen wollte. Sie wollte es auch noch mal mit mir versuchen, denn sie wusste, dass ich viele gute menschliche Eigenschaften in mir trug. So fingen wir an zu reden. Die Kommunikation war respektvoll, ehrlich, aber auch frontal und unverschnörkelt. Wir haben schließlich wieder zusammengefunden und arbeiten bis heute sehr gut zusammen.

Die wichtigste Wertevorstellung, die man als Unternehmer für eine erfolgreiche Karriere benötigt, ist Vertrauen. Vertrauen in sich schafft Vertrauen in die Mitarbeiter. Damit bauen die Mitarbeiter ebenfalls Selbstvertrauen in sich auf und erreichen bessere Ergebnisse. Die wichtigste Lektion, die ich damals also lernte, war, dass ich anfangen musste, den Menschen zu vertrauen, auch wenn das Risiko bestand, dass ich hin und wieder verletzt oder hintergangen werden würde. Als ich anfing, Situationen, in denen ich mich nicht vertrauensvoll behandelt fühlte, anders zu betrachten – nämlich durch eine optimistische Brille –, fiel mir auf, dass ich von da an weitaus weniger Konflikte sowohl mit mir selbst als auch mit meinen Mitmenschen erlebte. Hier begann das erlernte Führungssystem langsam aber sicher zu greifen. Als ich bei mir selbst als Führungskraft einige Baustellen bearbeitet hatte, konnte ich meinen Mitarbeitern auf einmal viel sachlicher und entspannter gegenübertreten. Offenheit schenken hat den Effekt, dass man Offenheit zurückbekommt. Wenn man über Vertrauen führt, wird man auch Vertrauen zurückbekommen. Das macht beide Seiten in einer Partnerschaft sicher und gibt Halt. Dieser Halt bildet das Fundament für eine langjährige Arbeitspartnerschaft ohne hohe Fluktuation.

Zu Beginn meiner Wandlung fragten sich viele meiner Mitarbeiter und Partner, ob ich irgendwelche Drogen genommen hatte, weil ich auf einmal so weichgespült rüberkam. Da ich wirkliches Interesse daran hatte, vom Schäferhund zum Hirten zu werden, nahm ich diese Aussagen auf und versuchte, mit Geduld und Nachsicht meine Umwelt davon zu überzeugen, dass ich von nun an einen anderen Umgang pflegen wollte. Ich erkannte aufs Neue, dass ich mit einer demütigeren Haltung weitaus größere Erfolge erzielen konnte als mit Dominanz.

Bis die Filialen wieder gute Umsätze produzierten und die Kreditlinie abgearbeitet war, war sehr schnell ein Jahr vergangen. Einerseits waren die Misserfolge schade, aber andererseits hatte ich als Unternehmer sehr viel dazugelernt. Ich hatte nicht nur neue Erkenntnisse über mich gewonnen, meine Partner und ich konnten nun auch mehrere Filialen führen, kannten die Lücken im System und hatten unsere Grenzen ausgelotet.

Durch unsere fundierte Ausbildung in Verkauf und Führung und unser ausgeklügeltes Standortkonzept konnten wir uns gegenüber allen Wettbewerbern erfolgreich durchsetzen und dadurch das Fundament in puncto Glaubwürdigkeit weitreichend ausbauen. Das hat beim Endkunden extrem viel Vertrauen aufgebaut. Heute ist es bei Neueröffnungen völlig normal, dass wir uns in repräsentativer Lage wiederfinden. Somit konnten wir in jeder Stadt allein durch das Standortkonzept ein hohes Maß an Markenbekanntheit aufbauen. Auch wurden dadurch nach und nach die Medien auf uns aufmerksam. Bei vielen namhaften Printmedien konnten wir fantastische Erwähnungen verbuchen, in denen wir als »Geheimtipp« und »Trendprodukt der Zukunft« bezeichnet wurden.

»Geheimtipp« und »Trendprodukt der Zukunft«

Wenn ich heute einem Existenzgründer einen Rat geben müsste, wie er am besten erfolgreich eine Geschäftseröffnung plant, würde ich ihn zuerst nach seinen Werten, seinen Lebenszielen und auch nach den schlimmsten Situationen seines Lebens fragen, um herauszufinden, was für ein Typ Mensch er ist. Wie ich erkannt habe, entscheidet am Ende in der Regel nie das Produkt oder der Wettbewerb über Erfolg oder Misserfolg, sondern ausschließlich der Mensch und somit der Macher hinter dem Unternehmen. Für ein erfolgreiches Unternehmertum zählt letztlich nur, wie der Inhaber mit Herausforderungen umgeht und aus Fehlern lernt.

Man muss alle Fäden, die bei einem zusammenlaufen, gut koordinieren können

Es ist natürlich immer am einfachsten, einer Wirtschaftskrise oder dem Wettbewerber, den sich verändernden Märkten und damit manchmal auch dem Wegfall der Geschäftsgrundlage die Verantwortung für das Scheitern als Unternehmer zu geben. Viele Unternehmer sprechen auch sehr oft davon, dass es schwer ist, gute Mitarbeiter zu finden. Durch all meine Coachings und natürlich auch aufgrund meiner eigenen Erfahrungen habe ich aber erkannt, dass es meist nur einen »Erfolgsverhinderer« gibt, und das ist der Chef selbst.

Als Unternehmer muss man ausgesprochen viel Lust darauf haben, Verantwortung zu übernehmen – sowohl für sich als auch für die Mitarbeiter: Unternehmerische Fehlentscheidungen haben oftmals nicht nur auf das eigene Portemonnaie Auswirkungen, sondern es kann auch vorkommen, dass man Mitarbeiter in die Arbeitslosigkeit schicken muss.

Als Unternehmer muss man sich langfristig nur eine Stärke aneignen: Man muss sich zu einer guten Führungskraft entwickeln, deren Schafsherde einem vertrauensvoll folgt, ganz besonders dann, wenn es durch reißende Flüsse geht.

Man muss als Unternehmer nicht der beste Verkäufer sein und auch nicht der beste Buchhalter, man muss aber alle Fäden, die bei einem zusammenlaufen, gut koordinieren können.

Die Hauptaufgabe einer Führungskraft ist es, große, strategische Entscheidungen zu durchdenken und diese dann verantwortungsbewusst in die Tat umzusetzen. Oft ist es jedoch auch der Fall, dass sich trotz vorherigem Abwägen der Risiken die Investition als fehlerhaft entpuppt und sich schnell Kosten statt Rendite anhäufen. Man muss lernen, die gesamte Verantwortung für eigene Managementfehler und für die Fehler der Mitarbeiter zu tragen und mit schwierigen Situationen umgehen können. Wie an meiner Geschichte deutlich wurde, kommt die Arbeit vor dem Vergnügen: Man muss viel öfter Krisen meistern, als man sich das vorstellen kann. Als Unternehmer hat man nicht viel Freizeit, im Gegenteil: Sieben Tage in der Woche stehe ich morgens mit den Gedanken an mein Unternehmen auf und sieben Tage die Woche gehe ich abends mit den Gedanken an mein Unternehmen ins Bett. Als Chef trägt man auch ständig die Sorge, was ist, wenn man selbst ausfällt.

Je größer das Unternehmen wird, desto mehr Mitarbeiter benötigt man. Hier muss man auch lernen, Verantwortung abzugeben. Sollten bei neuen Konzepten unüberbrückbare Schwierigkeiten auftauchen, muss man nicht nur die Kosten im Auge behalten, sondern vor allem die Möglichkeit in Betracht ziehen, den Aufstieg zum Mount Everest zu unterbrechen. Damit möchte ich sagen, dass es auch angebracht sein kann, ein Projekt stillzulegen. Es braucht ebenfalls Mut, schlecht investiertem Geld kein weiteres, hart verdientes hinterherzuschmeißen. Dann lieber den vorherigen Stand im altbekannten Terrain begutachten und analysieren, Erfahrungswerte sammeln, um mit neuem Elan erneut den Aufstieg zu wagen.

Oftmals treffe ich Führungskräfte aus Konzernen oder mittelständischen Unternehmen, die behaupten, sie könnten sich sehr gut vorstellen, wie es sich anfühlt, wenn man Verantwortung für Mitarbeiter oder das Budget hat. Diesen kann ich nur entgegnen, dass die Vorstellung allein nicht im Entferntesten mit der Entscheidung vergleichbar ist, ein eigenes Unternehmen auf eigene Rechnung auch tatsächlich zu eröffnen. Der Druck, der entsteht, wenn man die Gewerbeanmeldung für sein eigenes Unternehmen abgibt und der noch größere Druck, wenn man sich aus der Kasse manchmal kein eigenes Gehalt auszahlen kann, sind enorm groß.

Wenn du aber das Gefühl hast, dass du mit meinem Fazit aus dem Basislager 2 eher motivierter als verängstigter der Selbstständigkeit gegenüberstehst und du trotzdem ein Unternehmen eröffnen und die Verantwortung tragen möchtest, dann attestiere ich dir viel Erfolg als Unternehmer. Du wirst dich durchbeißen und am Ende trotz aller Niederlagen die Schlacht auf dem Kriegsschauplatz Unternehmertum gewinnen. Du wirst lernen und dich daran erfreuen, dass von 100 Situationen in der Regel 95 nur kleine Krisen sind. Die Erfolgserlebnisse dagegen werden dich immer wieder bestärken, am Ende die richtige Entscheidung getroffen zu haben: ein Chef mit eigenem Unternehmen sein zu wollen.

Basislager 3

Inzwischen hatte ich so ziemlich alle Krisen des jungen Unternehmertums überstanden, die man sich vorstellen kann und mich als Manager etabliert. Das Betriebsklima war super und ich hatte tolle Persönlichkeiten aufgebaut, die wichtige Verantwortungsbereiche übernahmen und diese erfolgreicher führten, als ich es vormals tat. Das gab mir die Möglichkeit, an der zukünftigen Strategie des Unternehmens zu arbeiten.

Wir hatten Beträge in sechsstelliger Höhe in die Ausbildungskonzepte investiert, viele Berater zur Konzeptarbeit einbezogen und viel Zeit und Geld in die Standardisierung investiert, um fortan wieder mit der Expansion durchzustarten. Auch der Umzug in eine neue Zentrale gehörte zu unserem Zukunftsplan. Der aktuelle Firmensitz platzte schon längst aus allen Nähten und befand sich außerdem in einem Industriegebiet, die Lage war also wenig repräsentativ für neue Investoren und Geschäftspartner. So suchte ich längere Zeit im Großraum Rhein-Main nach einer entsprechenden Immobilie oder einem Baugrund – und wie könnte es nicht anders sein, verliebte ich mich natürlich letztendlich in ein Objekt, das mal wieder viel zu groß und viel zu teuer für uns war.

Von wem ich die folgende Lebensweisheit gelernt habe, kann ich nicht mehr sagen, aber sie traf in diesem Zusammenhang voll ins Schwarze: Man muss bei größeren Projekten, für die man das Geld nicht hat oder bei denen die Fußstapfen für die Umsetzung noch zu groß sind, erst mal unterschreiben, um sich richtig unter Druck zu setzen, denn nur dann findet man auch automatisch Lösungen. Ich denke, das ist vergleichbar mit der Beziehung von Frauen zu Schuhen oder Männern zu Autos – wer kauft diese schon immer in bar und wer gönnt sich nicht auch mal etwas viel zu Teures und arbeitet danach langsam die Abbuchung der Kreditkarte ab? In meiner Ausbildungsbank sagten wir dazu: Mit dem Dispo in die Disko. Ich will damit sagen, dass man bei unternehmerischen Entscheidungen auch mal Mut zum Risiko beweisen muss. Die Überlegung sollte immer auch den Image-Gedanken mit einbeziehen und berücksichtigen, ob sich schlussendlich eine »Zwischenfinanzierung« auszahlen wird.

Wir sagten: Mit dem Dispo in die Disko

Nach längeren Verhandlungen mit unseren Vermietern unterzeichneten wir den Vertrag zu unserer heutigen, wie ich oft sage »Megaflagshipstore-Chanel-Filiale«, deren Innenausbau ich – naiv wie ich mal wieder war – mit unserem Bautrupp ohne Architekten selbst konzipierte. Wohlgemerkt auf 2 Stockwerken und insgesamt 1500 Quadratmetern. Der Unterschied zwischen meinen Projekten zu beispielsweise einem Flughafen in Berlin ist nur, dass ich, wenn das Geld nicht reicht oder die Kosten sich verdoppeln, weil ich beim Planen Fehler gemacht habe oder unerfahren war, die komplette Verantwortung für das Missmanagement selbst trage. Ich bin daher bis heute dankbar, dass mein Vermieter, mit dem ich nach vielen Stresssituationen heute sehr gut befreundet bin, mir damals bei so schönen Begrifflichkeiten wie »Brandschutzkonzepte« aus der Patsche half. Auch hatte er mir zwar von Anfang an das Angebot gemacht, den Ausbau der Fläche vorzunehmen, ich zog aber die günstigere Miete vor und baute die Fläche selbst aus – na ja, wieder was gelernt.

Wenn ich mir meine bisherige Geschichte so anschaue, stelle ich fest, dass ich während des Schreibens bei jedem Projekt zu Beginn das Wort Mut in Verbindung mit einer unerfahrenen Naivität in den Mund nehme. Ein Patentrezept gegen diese anfängliche Unwissenheit habe ich bis heute nicht gefunden. Egal, wen man zu Rate zieht, am Ende muss man selbst entscheiden. Man muss selbst den mutigen nächsten Schritt für seine Existenz und sein berufliches Fortkommen gehen. Hier half mir bislang immer nur mein gutes Bauchgefühl. Sicher habe ich dadurch viele Managementfehler gemacht, aber ich achte immer darauf, jeden Fehler nur einmal zu machen und daraus zu lernen. Ich mache zwar regelmäßig neue Fehler, aber bislang kosteten mich diese nie mehr als die Erfolge, die dagegen standen, und so komme ich im nun mittlerweile sehr dünnen Lüftchen auf Höhe des Basislagers 3 meiner Mount-Everest-Geschichte zum nächsten Anstieg – natürlich wie immer ohne Sicherheitsnetz unter mir. Wir hatten eine neue, wunderbare Zentrale, tolle Konzepte und ein gutes Fundament geschaffen, um professionell in die Expansionsstrategie überzugehen. Nach vielen Investitionen mussten wir schließlich mal wieder dafür sorgen, dass sich die Kassen füllten und die Investitionen zu gewinnbringenden Erträgen führten.

Egal, wen man zu Rate zieht, am Ende muss man selbst entscheiden

In der Franchisebranche ist es üblich, dass die Expansion und Gewinnung neuer Interessenten oft gerade in Zeiten einer schlechten Wirtschaftslage am besten laufen. Manager und führende Mitarbeiter, die in ihrem bestehenden Arbeitsverhältnis unzufrieden sind oder sich in einer Situation befinden, in der es dem Unternehmen nicht so gut geht, denken unter diesem Druck der Unsicherheit verstärkt über einen Karrierewechsel nach. Als wir jetzt endlich bereit waren, loszulegen, hatte sich Deutschland jedoch nach der Wirtschaftskrise gerade wieder ordentlich berappelt, den Menschen ging es gut und es fanden sich in diesem Jahr nur sehr wenige Interessenten für die Selbstständigkeit. Hinzu kam außerdem noch ein weiteres Problem: Unsere größte Herausforderung seit Beginn der Franchise war, dass Interessenten, die sich für eine Selbstständigkeit entschieden, im ersten Schritt grundsätzlich nie auf hairfree kamen. Der Glaubenssatz, diese Art der Selbstständigkeit sei eher etwas für Frauen, hielt sich hartnäckig. Ein Mann mit einem hairfree-Institut, das ist noch bis heute für viele unserer Partner unvorstellbar. Wir benötigen jedoch gerade die Männer als Investoren, weil das Thema Selbstständigkeit für viele Frauen in Deutschland noch sehr langsam voranschreitet. Zwar gibt es im Bereich der Freelancer viele Frauen, aber die Investition in sechsstelliger Höhe in ein Unternehmen, welches dann über Jahre hinweg mit klarer, führender Hand aufgebaut werden muss, ist hierzulande immer noch zu 90 Prozent eine Männerdomäne. Wenn man aber innerhalb weniger Jahre ein Unternehmen umstrukturiert hat und sich nicht gleich die Millionenbudgets für Werbung in Managermagazinen leisten kann, wie soll man dann richtig erfolgreich expandieren?

Wir waren von innen heraus professionell gewachsen und hatten uns die Strukturen aufgebaut, um endlich erfolgreich expandieren zu können. Was also tun, wenn keine Kontakte vorhanden sind? Ich musste mir also überlegen, wie ich an interessierte Investoren kam, die sich im Bereich Franchise eine Karriere aufbauen wollten. hairfree war zu dieser Zeit einfach nicht bekannt genug. Was mir aber Sicherheit gab, war die Statistik: Trotz guter Wirtschaftslage machen sich jährlich circa 4000 Menschen in Deutschland im Bereich Franchise selbstständig und wiederum circa 5 Millionen Menschen dachten regelmäßig über eine Karriere als Unternehmer nach. Am Ende sollten also auch ein paar Investoren für uns übrig bleiben, ich musste sie einfach nur finden. Wie aber konnte ich es schaffen, hairfree so nach außen hin zu präsentieren, dass männliche Investoren diesen Markt für sich erkannten? Das Internet hatte sich in den vergangenen Jahren als Marketinginstrument etabliert und war gerade für kleine Unternehmen wie uns eine Chance. Ich dachte mir, wenn ein Justin Bieber es über einen eingestellten Youtube-Clip zu Weltruhm bringt, müsste es uns doch möglich sein, über eine gute Internetarbeit mit kleinem Budget mehr Interessenten zu gewinnen. Also drehten wir Videoclips mit erfolgreichen Franchisepartnern und auch ich selbst schnupperte nach und nach auf Messen und in kleinen TV-Produktionen an der Medienluft, die mir, wie ich schnell merkte, sehr viel Freude bereitete. Im Prinzip war es wie bei meinen Seminaren, nur die Bühne war ein bisschen größer. Wir arbeiteten mit einigen namhaften Kooperationspartnern zusammen und wurden unter anderem bei Golfveranstaltungen Sponsoren. So kam es auch, dass ich auf einer Golf Unesco Charity den Modedesigner Thomas Rath kennenlernte, der dort gemeinsam mit seinem Mann als Stargast zugegen war.

An der guten Pressearbeit zu diesem Event fiel mir auf, wie vorteilhaft eine prominente Persönlichkeit als Zugpferd für ein kleines Unternehmen sein kann. Eine dritte Person mit tollem Image, die hairfree in der öffentlichen Wahrnehmung mehr Glanz verlieh, das könnte gut funktionieren. Ich hielt den Kontakt zu dem Gatten von Thomas, Sandro Rath, und begleitete ihn als Gast auf das ein oder andere große Medienevent. Dort konnte ich erste Gehversuche auf größerer Bühne machen. Herr Rath stellte mir viele prominente Persönlichkeiten sowie »Medienmenschen« aus TV und Print vor, mit denen ich fortan Kontakt hielt. Ich versuchte, hairfree vorzustellen und auch kleine PR-Pakete unterzubringen, um den Fuß in die große Multiplikationstür der Medienwelt zu bekommen. Für mich war damals klar, dass der Beschleuniger für Markenbekanntheit in unserer Zukunft die Zusammenarbeit mit einer prominenten Persönlichkeit sein würde. Nicht ausschließlich für den Bereich Franchise, sondern gleichzeitig für den Bereich der Haarentfernung, also unserem Endkundensegment. Wer aber konnte unsere Werbebotschafterin werden? Ich ging die Riege von prominenten Damen durch und fand zum damaligen Zeitpunkt beispielsweise Barbara Schöneberger, Anke Engelke oder auch Verona Pooth durchaus interessant. Ich wollte eine sympathische Frau, die sich beim Endkunden großer Beliebtheit erfreute und zudem bei unternehmerischen Fragen zu Franchise nicht nur antworten, sondern auch glaubhaft vermitteln konnte, dass sie als Unternehmerin und Selfmade-Frau geachtet wurde. Sie sollte also ernsthaft und glaubhaft bei Managern und Unternehmern auftreten können.

Meine endgültige Wahl fiel schnell auf Verona Pooth. Ich dachte mir zum damaligen Zeitpunkt, dass sie nach der Unternehmergeschichte mit ihrem Ehemann und nach einem Karriereknick immer noch enorm viel Standing als Persönlichkeit hatte, denn sie vertritt aus meiner Sicht bis heute tolle Werte. Sie hat sich als Unternehmerin, Löwenmutter und tolle Ehefrau seit vielen Jahren trotz der einen oder anderen Krise auf der medialen Bühne mehr als behauptet. Zudem hatte ich die Idee, dass sie als ehemalige Werbeikone nunmehr eine andere Rolle einnehmen könnte, nämlich die der Unternehmerin, die beides gut kann: Franchise- und Werbebotschafterin. Ich hoffte auf ihr Interesse, sich als ehemalige Werbeikone für viele große und namhafte Marken nun als eine der bekanntesten Frauen für die Zusammenarbeit mit einem kleineren Unternehmen zu entscheiden, um dieses Unternehmen durch ihre Bekanntheit groß zu machen. Über einige Tricks und kleine Umwege war es schon bald soweit: Ich traf Verona Pooth in Düsseldorf.

Wie so oft in meinem Leben war ich ungeübt und hatte keine Ahnung, wie man in Verhandlungen mit einer so prominenten Persönlichkeit eintritt. Zum Glück gaben mir Verona, ihr Mann und ihr Manager viel Sicherheit, sie waren sehr zuvorkommend. Wir unterhielten uns nach kurzer Zeit über Gott und die Welt und das Gespräch erhielt nach der ersten Aufregung eine wunderbare Atmosphäre. Verona gefiel das vorgestellte Konzept und sie konnte sich gleichermaßen gut in das Produkt Haarentfernung wie auch in das Konzept der Franchise einfinden. Um ehrlich zu sein, hat sie mir bereits nach kurzer Zeit mein Produkt lustiger und emotionaler erklärt, als ich es vorher jemals getan hatte. In der kurzen Zeit unseres Treffens wurde mir bewusst, warum sie über so viele Jahre hinweg ganz oben mitmischte: Sie ist witzig, schlagfertig und dabei unheimlich präsent. Wofür ich Verona Pooth bis heute sehr dankbar bin, ist, dass sie mir sehr ehrlich und klar erklärt hat, dass eine Zusammenarbeit mit ihr nicht nur Vorteile mit sich bringen würde. Als junger, motivierter Unternehmer, der sein kleines, feines und eigentümergeführtes Unternehmen auf den nächsten Level heben wollte, war ich allerdings zunächst verdutzt über diese Aussage. Sie erklärte mir, dass wir bei einer Zusammenarbeit mit ihr beachten müssten, dass die Medienwelle, die auf uns zukäme, riesig sein würde, und fragte nach, ob unsere hairfree-Mannschaft für eine solche Zukunftsaussicht gewappnet sei. Eine einzige Werbekampagne könnte so viele Anfragen in unseren Instituten generieren, dass wir bis auf Wochen ausgebucht wären. Vielleicht seien daraufhin sogar Beschwerden im Netz oder in den Filialen zu vermelden, weil wir aufgrund des Ansturms unseren eigenen Qualitätsansprüchen nicht würden gerecht werden können. Bis heute kann ich mich noch sehr gut daran erinnern, wie sie sagte: »Wo Verona Pooth hinkommt, kommt ganz viel Blitzlichtgewitter hin. Herr Hilbert, bedenken Sie bitte eines, wo viel Blitzlicht ist, sieht man die Flecken auf dem Teppich viel besser als sonst – sind Sie wirklich darauf vorbereitet?« So teilte sie mir subtil und äußerst diplomatisch mit, dass sie hoffte, dass ich zum einen meine Hausaufgaben gut gemacht hätte, bevor ich die große Bühne betrat und zum anderen auch für sie einige Risiken bestünden, denn sie wollte ja auch mit dem ersten großen Projekt nach ihrer zweiten Schwangerschaft erfolgreich durchstarten. Sie zeigte mir mit ihren Überlegungen zu unserer Zusammenarbeit, dass strategisches Denken zu einer erfolgreichen Karriere gehört und man nicht einfach eine schnelle Entscheidung treffen sollte.

Bedenken Sie bitte eines: Wo viel Blitzlicht ist sieht man die Flecken auf dem Teppich viel besser als sonst

In den folgenden Tagen dachte ich sehr viel über Veronas Worte nach und hatte schlussendlich das Gefühl, dass die Substanz und das Fundament meines noch jungen Unternehmens tatsächlich noch nicht bereit für diese große Herausforderung waren. Einerseits brachte es eine riesige Chance mit sich, aber andererseits auch größte Herausforderungen. Zu diesem Zeitpunkt kam es dann zu keiner Zusammenarbeit und ich weiß, damit die richtige Entscheidung getroffen zu haben.

Der Gedanke, ein Werbekonzept mit einer prominenten Persönlichkeit in die Wege zu leiten, ließ mich jedoch monatelang nicht los und so kam es, dass ich mich einige Zeit später in meine mittlerweile liebe Freundin und Geschäftspartnerin verliebte. Eine starke Frau, mit der man Pferde stehlen kann: unsere heutige Markenbotschafterin Mariella Ahrens, eine hoch angesehene Schauspielerin, die seit vielen Jahren in deutschen Wohnzimmern zu Hause ist. Mit Mariella erreichte hairfree eine neue Dimension und ebenfalls mit Mariella sind wir auch erst richtig im Basislager 3 angekommen. Doch der Gipfel unseres Mount Everests lag nach dem ersten Kennenlernen noch in weiter Ferne.

Ich war mit Sandro Rath zu Gast bei der Berliner Fashion Week und lernte Mariella dort flüchtig kennen. Sie war damals ausgesprochen nett und zuvorkommend zu mir. Als ich aus Berlin zurückkam, recherchierte ich Mariellas Vita und schaute mir ihre Medienpräsenz genauer an. Ich sprach mit meinem Team über sie und alle rieten mir, doch die armen Promis in Ruhe zu lassen, ich habe Verona schon genug Energie und Zeit gekostet, dafür, dass am Ende nichts daraus geworden sei.

So ist das nun mal auf neuem Terrain, auf dem man erst mal die Fühler ausstrecken muss und das Glatteis einen sehr unsicher beim Laufen macht, weil man noch ungeübt ist. Ich machte dennoch den ersten Schritt und fragte bei Mariellas Management an, das mir prompt eine Absage erteilte: Mariella sei eine ernst zu nehmende Schauspielerin, sie denken nicht, dass sie zu unserem Unternehmen und unserem Produkt passe und wünschten mir alles Gute für die Zukunft. Solche Aussagen kannte ich schon seit Jahren. Zu Beginn wollten sogar kleine Fitnessstudios und Friseure nicht mit unseren Instituten kooperieren. Später das Gleiche bei größeren Ketten auf nationaler Ebene und nun ein Promi – das haute mich nicht wirklich aus den Latschen. Wenn ich recht darüber nachdenke, erlitt hairfree in seiner Jugend ähnlich viel Ablehnung wie ich selbst in jungen Jahren. hairfrees Glück war jedoch, dass ich mich als Macher und Coach hinter der Marke nicht so leicht unterbuttern ließ. Verhandlungssicher versuchte ich zunächst, das Vertrauen zu mir als Mensch und dann zum Produkt hairfree aufzubauen, und überzeugte auf diese Weise irgendwann die Ungläubigen. Man darf den Kooperationspartnern und Entscheidern allerdings nicht böse sein, denn viele unkonventionelle Produkte brauchen im Aufbau Geduld, bis sie die Märkte durchdringen. Ich vergleiche hairfree oft mit dem Markt der Handys vor 20 Jahren. Dort hieß es auch oft: »Wozu braucht man das?«, »Das ist teuer!«, »Die Radiowellen sind schädlich!« Lauter weitere Aussagen, um weiterhin wie gewohnt in die Telefonzelle gehen zu können, und heute ist die Entwicklung ja allgemein bekannt: Ohne Handy geht gar nichts mehr. Genauso wird es hairfree auch einmal ergehen, dachte ich mir, und das sollte nicht 50 Jahre dauern, sondern nach Möglichkeit nur 20. Von dieser Motivation getrieben, ließ ich mich auch nicht mit dem ersten Nein des Managements abwimmeln. Nach längerem Hin und Her fand mich Petra, Mariellas Managerin sogar so amüsant und erfrischend, dass sie zustimmte, Frau Ahrens das Produkt vorzustellen, ich solle mir aber nicht allzu viele Hoffnungen machen. Um dem Ganzen noch etwas Nachdruck zu verleihen, nutzte ich Facebook, um direkten Kontakt zu Mariella aufzunehmen. Ich schrieb ihr ein paar nette Zeilen und erhielt eine zuckersüße Antwort. Mariella hatte sich allein durch ihre Arbeit als öffentliche Person regelmäßig mit dem Thema Schönheit auseinandergesetzt und kannte auch bereits unsere Methode der Haarentfernung. So war sie dann auch sofort interessiert an einem Kennenlernen. Der Rest war nur noch die Kür: Mariella und ich trafen uns in Berlin und die Chemie passte von Anfang an, es fühlte sich einfach richtig und gut an. Ich hatte das Gefühl, mit ihr alles besprechen zu können, und wollte ihr sehr gerne hairfree anvertrauen. Denn seien wir mal ehrlich, auch ein Unternehmensimage kann leiden, wenn der Star, dessen Gesicht eine Firma repräsentiert, mal in eine Krise geraten sollte.

Die Chemie passte von Anfang an

Kurz bevor das Shooting für die Kampagne und unser erster medialer Auftritt stattfinden sollten, rief mich Mariella an und meinte, sie müsse mir noch etwas erzählen. Sie wolle ehrlich mit mir sein, denn sie wisse, dass ich auf der medialen Ebene mit meinem Unternehmen noch nicht so viel Erfahrung gesammelt hatte. Es gäbe in naher Zukunft bei ihr private Veränderungen und sie wolle mich als Geschäftspartner davon in Kenntnis setzen, dass hier so einiges an medialem Trubel auf sie und damit auch auf ihre Partner zukommen werde. Sie vertraute mir an, dass sie die Trennung von ihrem Mann bekannt geben werde. Genau in diesem Moment nahm unsere bis heute dicke und zutiefst vertraute Freundschaft ihren Lauf. Ich sagte ihr, dass ich dieses mir entgegengebrachte Vertrauen sehr schätze und sie sich keine Gedanken machen müsse, denn ich habe mich definitiv für eine Zusammenarbeit entschieden und dieser Anruf würde nur umso mehr bestätigen, dass meine Wahl auf den richtigen Menschen gefallen ist. Meine Bitte an Mariella war, dieses Telefonat als Grundstein für eine gute und ehrliche Zusammenarbeit zu nehmen, die auf Vertrauen basierte. Ich wünschte mir außerdem von ihr, dass, wenn bei hairfree Mal der Haussegen schiefhängen würde, sie in schweren Zeiten genauso als Markenbotschafterin zu dem Unternehmen stehen würde.

Was danach kam, war der wirkliche Einstieg in das Basislager 3 meiner Mount-Everest-Tour. Mariella nahm mich als Begleiter auf viele große Events mit und wir rührten gemeinsam die Werbetrommel für hairfree. Sie öffnete mir und hairfree damit nie erahnte Türen und entwickelte sich zu dem Beschleuniger, den hairfree dringend brauchte. Mariella konnte einen PR-Werbewert von geschätzt einer halben Million Euro für hairfree generieren, unser Unternehmen wurde nicht nur regional viel bekannter, sondern ganz besonders auf nationaler Ebene, die Wertsteigerung des Gesamtunternehmens durch die Zusammenarbeit mit Mariella liegt mittlerweile im siebenstelligen Bereich – einfach grandios. Ich begleitete Mariella auf die größten Events des Landes und nach und nach nahm auch die Presse ordentlich Kenntnis von mir. Schließlich war ich der bunte und neue Begleiter an der Seite einer der begehrtesten Single-Frauen der Nation.

Dadurch, dass wir uns so gut verstanden, war das eingetreten, was man normalerweise nicht vermischen sollte, was aber in unserem Fall erst zu diesem großen Erfolg führte: Wir vermischten Privates und Geschäftliches so fließend, dass wir eigentlich ein Jahr lang einfach nur eine Menge Spaß hatten und uns die Arbeit so nebenbei von der Hand ging. Und das erfolgreicher als jemals zuvor.

Die Spitze deines Mount Everests

Zunächst einmal habe ich mir vorgenommen, mich im Basislager 3 zwei, drei Jahre aufzuhalten, um mich an die Höhe und den geringeren Sauerstoff in der Luft zu gewöhnen. Nach und nach wollte ich mit hairfree im Rucksack die nächsten Level meiner unternehmerischen Karriere vorantreiben.

Mein Bauchgefühl hat mich schon immer bei wichtigen Entscheidungen zu guten Ergebnissen geführt, obwohl ich mich auch teilweise zu früh in neue Herausforderungen gestürzt habe. Ich sah die Idee für den nächsten Schritt schon vor meinem inneren Auge, habe dabei aber mein Team und das Unternehmen überfordert, die dazu noch nicht bereit waren. Am Beispiel der Schafsherde kann ich sagen, dass die Herde zwar bei allen Herausforderungen immer das rettende Ufer erreicht hat, aber es gab noch zu viele Verletzte. Natürlich habe ich das nicht extra gemacht, damals wusste ich es einfach nicht besser. Bei der Entscheidung mit Verona Pooth merkte ich zum ersten Mal, dass ich meine Prozesse bereits entschleunigte und weniger egoistisch meine eigenen Interessen durchbringen wollte. Mit mehr Reife und den Lerneffekten aus vorangegangenen Projekten überlegte ich, ob das schwächste Lämmchen der Truppe wohl auch mitkommen konnte, wenn der zu überquerende Fluss sichtbar wurde.

Mit wachsender Reife meiner Persönlichkeit kam viel Ruhe und vor allem Klarheit in mein Köpfchen und das übertrug sich auf alle Abläufe und Prozesse in meinem Unternehmen. Das führte zu einem guten Betriebsklima und viel mehr Spaß und Zufriedenheit für alle Beteiligten. Das wichtigste, was zu dieser Situation geführt hatte, war das Vertrauen. Mit wachsendem Selbstvertrauen wuchs auch das Vertrauen in andere und diese Kette von guter und vertrauensvoller Kommunikation hat die Erfolge in unserem Unternehmen extrem beschleunigt. Genau dieses Vertrauen möchte ich durch eine voreilige unternehmerische Entscheidung nach Möglichkeit nie wieder missbrauchen oder schwächen, wenn die Unternehmensgruppe noch nicht bereit dafür ist. Dieses Gefühl, dass wir schon richtig gut sind und auch richtig stolz auf uns sein können, gab mir ein neues Bauchgefühl. Auf das wollte ich zukünftig hören. Ich wollte nicht mehr direkt im Anschluss eines erreichten Levels erneut mit Vollgas durchstarten, sondern mal für kurze Zeit rasten, um dann mit vollen Akkus und den neuen Mitgliedern der Gesamtgruppe im Basislager 3 den Weg zur Spitze unseres Mount Everests in Angriff nehmen.

Zumindest will ich mir am Ende nicht vorwerfen, die Grundvoraussetzung für den Anstieg zur Bergspitze mit allen nicht geschaffen zu haben. Meine Erfahrungen der letzten Jahre sagen mir mittlerweile, dass ich das Potenzial habe, ein starker Entscheider und damit auch ein guter Manager einer wachsenden Konzernstruktur sein zu können. Ich bin in die zu Beginn viel zu großen Fußstapfen hineingewachsen und habe mich ganz gut behauptet und entwickelt. Meiner Meinung nach habe ich am Ende von Basislager 3 das Ziel erreicht, ein Unternehmen nach meinen Werten und Vorstellungen aufgebaut zu haben. Das Unternehmen hat eine gute Organisation mit Struktur und ein Fundament mit Substanz erreicht, womit wir in der Zukunft gesund und organisch wachsen werden. Wenn mich heute jemand fragen würde, ob ich an gleicher Stelle Dinge anders machen würde, dann kann ich bei vielen kleinen Dingen sagen: Auf jeden Fall hätte ich was anders gemacht. Aber bei den großen unternehmerischen Entscheidungen habe ich immer nach meinen Werten gehandelt und würde es wieder so tun.

Mein Wunsch war es immer, ein großes Unternehmen aufzubauen. Groß ist natürlich relativ, aber ein regionaler Filialist zu sein, war mir schon immer zu wenig. Und eine Coachingweisheit, die mir dazu einfällt, besagt, dass im Leben immer ganz automatisch die Dinge zu dir kommen, die du anziehst. Ich habe gelernt, groß zu denken, und habe, wenn ich mir das eine oder andere Projekt heute anschaue, dabei auch mal die Bodenhaftung verloren. Aber genau die daraus folgenden Niederlagen haben mich letztlich demütig gemacht und damit geduldiger mit mir und meiner Umwelt. Das Durchhaltevermögen, die Konsequenz und Disziplin, die ich beim Aufbau dieser Unternehmensgruppe bislang an den Tag legen musste, ist immens. Aber auch hier entspreche ich nach wie vor meinen Werten, denn ich mag nun mal lieber die Taube auf dem Dach als den Spatz in der Hand, das war schon immer so.

Was mir bei der Übernahme des großen Tankers fehlte, waren die Trainingsläufe auf der kleineren Bühne, und daran, das muss ich ganz klar sagen, wäre ich auch hier und da fast gescheitert. Der psychische Druck war immens und noch viel größer die auszustehende Angst, weil ich neue, für mich noch nicht erprobte Wege gehen musste. Die Umbauzeit ist aber jetzt schon länger vorüber und ich glaube, dass wir in den nächsten fünf bis zehn Jahren mit hairfree vor einem großen Durchbruch stehen und genau deshalb möchte ich hier auch auf mein Bauchgefühl hören und in Basislager 3 ein wenig Rast machen. Damit meine ich, dass wir mit wachsendem Vertrauen immer mehr Menschen im Unternehmen zu mutigen Taten motivieren, wodurch wir dann auch im Endkundenmarkt automatisch besser werden. Wir werden durch ein gutes Miteinander weiter daran arbeiten, der beliebteste und qualitativ hochwertigste Anbieter für Haarentfernung zu sein, um unsere Kunden glücklich zu machen. Ich denke, wir können mit den vorhandenen Instituten die Umsätze und damit auch die Erfolge verdoppeln. Zudem werden immer mehr Partner als Manager ihrer Filialen weitere Führungskräfte aufbauen, sodass der Weg für Wachstum und weitere Filialen geebnet wird.

Es gibt überall Erfolgschancen

Meiner Meinung nach haben das Produkt und die Endkundennachfrage von kleinen regionalen Gebieten bis in große Metropolen überall Erfolgschancen. Letztlich liegt das Marktpotenzial allein in Deutschland bei circa 500 Instituten, wenn nicht sogar mehr. Aktuell befinden wir uns bei 75 Instituten. Ich persönlich würde mir wünschen, dass die Größe des Unternehmens nach wie vor eine familiäre, persönliche Note beibehält, und das wäre aus meiner Sicht bei 175 bis 200 Instituten erreicht. Wir wären bei dieser Größe im ganzen Land gut verteilt aufgestellt, hätten einen hohen Bekanntheitsgrad und könnten tolle, nationale Werbekampagnen entwickeln. Auf die hätte ich als Marketingverantwortlicher riesige Lust. Eine tolle Idee, wie diese Kampagne aussehen wird, habe ich natürlich ebenfalls schon. Aber bis es so weit ist, muss ich mich wie immer, erst einmal weiter in Geduld üben.

Unternehmensimage wird nicht mehr durch tolle Werbung von der Firma selbst bestimmt

Wenn ich mir andere Franchisesysteme wie McDonald's oder mittlerweile das mit über 30.000 Filialen weltweit viel größere Franchisesystem Subway so anschaue, werden wir im Aufbau noch einige Regentage erleben. Denn die Erfahrungswerte beim Aufbau von großen Systemen zeigen, dass die Herausforderungen, die man auf der kleinen Bühne gemacht hat, sich auch auf großer Bühne wiederholen werden. Die Werbung hat heutzutage sehr viel verändert und darauf muss man sich bei wachsender Größe einrichten. Das Unternehmensimage wird nicht mehr durch tolle Werbung von der Firma selbst bestimmt, sondern durch das anonyme Internet. Hier ist die Imagebestimmung des Unternehmens durch die Meinungsfreiheit im WorldWideWeb auf die Seite des Konsumenten übergegangen, was viele Vor-, aber eben auch Nachteile mit sich bringen kann.

Ein Beispiel im Negativen ist mir aus Amerika bekannt. Ein Vater stellte in einem Internetforum die Nachricht ein, dass seine Tochter bei einem Autounfall ums Leben kam, weil die Bremsen bei ihrem Auto versagt hätten. Das Ganze verbreitete sich in Windeseile und nach wenigen Tagen hatte dieser Eintrag bereits mehrere 100.000 Follower und Blogger berichteten ebenfalls von diesem tragischen Ereignis. Die Social-Media-Abteilung des Autokonzerns wurde dieses Shitstorms nicht mehr Herr und erklärte irgendwann strategisch eine Rückrufaktion dieser Autoserie, um die aufgewühlte Käuferschaft wieder zu beruhigen. Tatsächlich waren die Bremsen aber gar nicht Schuld an dem Unfall. Der Imageschaden zog allerdings so große Kreise, dass das Unternehmen sich gezwungen sah, die millionenschwere, man kann sagen, Placebo-Rückrufaktion als Lösung heranzuziehen. Mit wachsender Größe der Bühne wird auch die jubelnde Fangemeinde größer, aber gleichzeitig eben auch die Neider und die Menge an unzufriedenen Menschen.

Unsere Aufgabe ist es jetzt, nicht wieder zu schnell zu expandieren, damit wir immer die Zeit haben, sowohl bei unseren Partnern und Mitarbeitern als auch bei unseren Kunden einen positiven und bleibenden Eindruck zu hinterlassen. Meine Erfahrung zeigt, dass der größte Beschleuniger für eine großartige Entwicklung der Vertrauensbonus ist und hier müssen wir im Aufbau besonders behutsam sein.

Wenn ich bedenke, welche Energie mich allein die damalige Situation mit meinem ehemaligen Kollegen, der kurze Zeit zum Konkurrenten wurde, gekostet hat, dann weiß ich ansatzweise, auf was ich mich möglicherweise in Zukunft einstellen kann. Bei McDonald's oder auch Subway flatterten in Amerika in kürzester Zeit auf einmal ganze 50 Klagen von unzufriedenen Partnern ins Haus. Es ging vornehmlich um das System. Meine Erinnerung ist noch sehr präsent, als ich im Fernsehen bei Stern TV mit Günther Jauch ehemalige Subway-Partner sitzen sah, die über ihre Unzufriedenheit mit dem System sprachen. Subway war danach klar der Böse, mit seinen rigiden, unmenschlichen Vorgaben. Worüber in den Medien allerdings nicht berichtet wurde, ist, dass diese Partner im Alleingang mit einer eigenen Marke – nachdem sie das gesamte Unternehmenswissen abgezogen hatten – in der Mehrzahl gescheitert sind. Sie wollten anschließend wieder zurück zur großen Marke, aber der Imageverlust für Subway war zunächst einmal da. In einer Krise hat die Masse immer mit dem vermeintlich Schwächeren Mitleid, das ist psychologisch immer so, auch wenn diese wie in diesem Fall die eigentlichen Verursacher sind. Auch wir sind vor so einer Situation, wie ich sie gerade beschrieben habe, nicht sicher, und irgendwann kann sie uns ereilen, die Frage ist nur, in welcher Größenordnung. Die Herausforderungen muss man dann aber einfach hinnehmen, wie es bereits bei der Kindererziehung auch hingenommen wird: kleine Kinder, kleine Sorgen, große Kinder, große Sorgen.

Meine Empfehlung an junge Existenzgründer, aber auch erfahrene Unternehmer ist, sich mit perspektivischen Angriffsmöglichkeiten und größeren Risiken, die das Unternehmen treffen könnten, auseinanderzusetzen. Man sollte überlegen, wie man strategisch damit umgehen könnte, und für den Fall, dass die Situation eintritt, Liquiditätsreserven bereitstehen haben. Meine Finanzstrategie ist immer darauf ausgerichtet, nicht nur Gehälter und Firmenwagen oder Gelder für Marketingstrategien zur Verfügung zu haben, sondern auch für schlechte Zeiten vorzusorgen. Vielleicht trifft es mich einmal wie bei meinen Eltern mit dem Jahrhundertsommer und dem Sonnenstudio. Wenn man eine Art Kriegskasse hat, kann man auch entspannt einen Strategiewechsel vornehmen oder auch neue Produkte einführen. Sollte es urplötzlich für die Haarentfernung das iPhone der Haarentfernung geben, benötigt man ein finanzielles Polster. Das gibt den nötigen Rückhalt, um sich näher mit verrückten Ideen oder einem neuen Plan zu beschäftigen, ohne gleich in Panik zu geraten.

Wir haben auf kleiner Bühne im regionalen Bereich schon alles erlebt, was man sich so vorstellen kann. Wenn dann irgendwann die Bühne größer wird und im Gegensatz zu einem regionalen Käseblättchen etwa, die mächtige Bildzeitung hairfree auf dem Kieker haben sollte, käme es wie immer nur auf eines an: erst einmal Ruhe bewahren. Denn nichts ist so alt wie die Tageszeitung von gestern.

Die Herausforderung unseres momentanen Wachstums ist, bei allem Erfolg, nicht überzuschnappen: mal ein bisschen genießen, weil wir's verdient haben, aber auch nicht wieder zu schnell zu viel wollen und dann überfordert sein. Egal wie bekannt wir werden, sollten wir bei der aktuellen Struktur ein Expansionsmaximum im Jahr von 20 Standorten auf keinen Fall überschreiten. Die Gefahr besteht, dass es durch viel Nachfrage mal 30 oder 40 Eröffnungen werden können und hier darf ich nicht vergessen, auch mal Nein zu sagen. Dann bin ich vermutlich im Kopf aufgrund der Unternehmensgröße schon bei der ersten Fernsehwerbung, aber das Unternehmen ist nur in meinen Träumen und nicht in der Realität wirklich bereit für die nächste große Hausnummer. Aber träumen ist erlaubt und auch wichtig, denn aus den Träumen werden Ziele und diese werden dann strategisch erreicht und machen mich glücklich.

Wenn wir organisch wachsen und unsere Projekte dementsprechend ausrichten, können auch kleinere Institute oder schwächere Franchisepartner wie auch Mitarbeiter immer wieder schnell den Anschluss finden. Dadurch kommt es zu weniger Personalfluktuation, wir können das qualitativ hochwertige Niveau unserer Dienstleistung trotz Wachstum halten und die Kunden sind zufrieden, das ist das Wichtigste. So, wie ich gerade die Marktaussichten beschrieben habe, sollten wir ein Ziel von einer Standortanzahl mit 200 in circa 10 Jahren erreichen. Ich bin mir allerdings sicher, dass der eine oder andere, der dieses Buch liest, sicher denkt, dass es auch schneller gehen kann. Wenn man nachzählt, kommt man eigentlich auf 275 Institute mit den bereits bestehenden Standorten. Alles trifft gleichermaßen zu, denn aus der Erfahrung weiß ich, dass nicht jeder Partner bei den zukünftigen Weiterentwicklungen des Systems mitmachen wird. Später kommen noch so wunderbare Dinge wie Generationenwechsel auf uns zu, was mich ehrlich gesagt sehr glücklich stimmt. Das zeigt, wie beständig wir sind, wenn es irgendwann Partner gibt, deren Franchiseverträge 15 oder 20 Jahre laufen und diese dann mit hairfree in die Rente gehen werden. Diese Fluktuation oder der Wechsel von Inhabern machen statistisch gesehen in der Regel im Jahr circa 5 bis 10 Prozent der Gesamtpartner aus.

Bei einer eher langsamen Expansionsstrategie kann uns in Zukunft nur ein Beschleuniger zu schnellerem Wachstum verhelfen. Dazu zähle ich insbesondere die Markenbekanntheit oder besser, dass die Haarentfernungsmethode mit Licht ähnlich wie in der Türkei zum Alltag für den Endkunden wird. Dadurch wird der Erklärungsaufwand für das Produkt im Beratungsgespräch immer kleiner, weil der Kunde das Produkt kennt und keine Hemmungen vor Nebenwirkungen oder andere Ängste hat, die oftmals in den Gesprächen angesprochen werden. Das ist übrigens auch der Grund, warum die Mitbewerber nicht wirklich stark sind. Diese anspruchsvolle Dienstleistung beim Endkunden gewinnbringend zu positionieren, ist immens. Das erfordert nicht nur Werbung, sondern vor allem einen professionell vorbereiteten und gut ausgebildeten Mitarbeiter. Schließlich verkaufen wir keinen Pullover, der, wenn er kratzig ist, einfach mal in die Ecke geworfen werden kann. Wir verkaufen eine Anwendung an – ich kann es nicht oft genug wiederholen – einem der kostbarsten Güter des Menschen, der Haut, und hier geht es um eine weitaus größere Vertrauensebene, als je in einem Textilgeschäft herrschen könnte. Dieser hohe Anspruch ist uns sehr klar. Das wichtigste Transportmittel unserer Dienstleistung zum Kunden ist der vermittelnde Mensch, also der Mitarbeiter, der nicht nur motiviert sein muss, sondern sich auch mit dem Produkt und der Firma identifizieren muss, um es zufriedenstellend beim Kunden zu platzieren. Hier wären wir erneut beim Thema Vertrauen – das ist einfach das Wichtigste in einer guten Kommunikation und einem bestmöglichen Arbeitgeber-Arbeitnehmer-Verhältnis. Genau dieser Anspruch, auch bei der Expansion, ist bei einem Premiumprodukt wie unserem die große Herausforderung. Denn zu früh delegiert, kann das große Qualitätseinbußen mit sich bringen. Du siehst schon, dass es wahrscheinlich einfachere Produkte gibt, um sich unternehmerisch selbstständig zu machen. Aber ich glaube, dass es keinen Markt und keine Branche gibt, in der man sich nicht regelmäßig neu definieren oder sich weiteren Herausforderungen stellen muss, um Marktführer zu bleiben.

Was ich auch oft gefragt werde, ist, was denn wäre, wenn der Trend der Haarentfernung ähnlich zu gebräunter Sonnenstudiohaut mal zu Ende ist – was dann? Ich weiß selbstverständlich, dass ich kein Orakel bin und das Kundenverhalten unserer Zukunft nur erahnen kann. Aber egal in welcher Branche, es gibt bei allen Trends, denen die Menschen folgen, in der Regel erst mal ein, zwei Jahre Vorlauf und Entwicklung, bis ihm alle folgen und dann kommt die Frage nach seiner Langlebigkeit. Wenn letztendlich nur wenige Meinungsbildner und damit verbunden auch Follower bei neuen Trends mitziehen, muss man sich auch keine Sorgen über Umsatzeinbrüche machen.

Damals haben viele den Hahnenkamm von David Beckham nachgekämmt, gleichermaßen folgten relativ zügig viele dem Aufruf von Apple, die gewohnte Tastatur durch das Touchpad zu ersetzen. Dennoch nutzen noch unglaublich viele Millionen Menschen das Blackberry. Allein deshalb weil das Unternehmen sich über Jahrzehnte hinweg als qualitativ und hochwertig aufgestellt und etabliert hat. Genauso wird es sich bei uns einstellen. Einerseits hoffe ich, dass wir immer der Trendsetter bleiben werden, und andererseits haben wir bereits heute das ein oder andere Diversifikationsprodukt in unserer geheimen Forschungsabteilung, das zu gegebener Zeit aus dem Hut gezaubert werden kann. Dennoch: Sollte beispielsweise ein Karl Lagerfeld irgendwann einmal seine Models mit der 70er-Jahre behaarten Magnum-Brust à la Burt Reynolds über die Laufstege schicken, wird es sicher wie immer Follower geben, die diesen Trend nachahmen. Dessen sollten wir gewahr sein. Die Maxime beim Erforschen von Trends ist jedoch, die prägenden Verhaltensweisen aus der medialen Erziehung zu analysieren, um dies in das zukünftige Konsumentenverhalten mit einzubeziehen. Heutzutage rupfen, zupfen und stutzen von der Pubertät an sowohl Mädchen als auch Jungen vom Hals abwärts alles, was urplötzlich das Licht der Welt erblickt. Und sollte man dem mächtigsten Medium unserer Jugend, nämlich der Bravo, Glauben schenken, dann haben Haare beim Dr.-Sommer-Team nun wirklich gar nichts mehr verloren. Daran wird auch Karl Lagerfeld mit seiner Show nichts mehr ändern können.

Ich möchte hiermit aufzeigen, dass du dir innerhalb deiner Branche sowohl bezüglich deines Arbeitsplatzes als auch deines Unternehmens die gleichen Gedanken machen solltest. Nur so kannst du mögliche Risiken abschätzen, Marktveränderungen einplanen, neue Wege gehen und mit einem Team an zukünftigen Strategien arbeiten, um schließlich Sicherheit zu erlangen. Sollten wir all diese Herausforderungen ähnlich der letzten 10 Jahre gemeistert bekommen, sind wir sicherlich auch weiterhin 10 Jahre das marktführende Juwel in Deutschland, der Schweiz und Österreich. Dann bin ich Mitte vierzig und kann überlegen, welche Ziele als Nächstes anstehen. Wenn ich mir als Beispiel McDonald's ansehe, könnte man zu diesem Zeitpunkt über Internationalisierung nachdenken. Aber hier muss ich ganz ehrlich sagen, dass ich darauf momentan keine extreme Lust verspüre, das sollen wenn, dann andere für mich übernehmen.

Da bleibe ich wieder ganz meinen alten Werten treu und sage, dass ich nicht so wahnsinnig gerne reise und auch seit Jahren mein Business-English nicht mehr aufgefrischt habe. Ich würde durchaus gerne mit einem Team neue Märkte erforschen, wie etwa Großbritannien oder die Niederlande. Ganz besonders gerne auch die arabischen Staaten – aufgrund des genetisch bedingten stärkeren Haarwachstums und dem daraus entstehenden hohen Interesse an permanenter Haarentfernung. Dennoch steht das für mich noch in weiter Ferne. Solange ich es nicht erreicht habe, einen dezentralen Standort Berlin nur über Telefon auf identischem Niveau zu führen wie mein Institut in Frankfurt am Main, möchte ich diesen Weg nicht gehen. Denn bevor es weitergeht, sollten ausnahmslos alle Standorte perfekt performen. Perfektion steht in diesem Fall über Expansion.

Ich muss zugeben, dass ich mich hier beim Schreiben wirklich dabei erwische, wie ich mir über internationale Projekte dann doch schon mehr Gedanken gemacht habe, als ich wahrhaben wollte. Wahrscheinlich mache ich am Ende doch ganz spontan einen Schnellkurs in Business-Englisch und packe meine Koffer. Wer weiß, es bleibt spannend.

Wir werden sehen …

Sag niemals nie …

Denn dann bist du nicht mehr offen und flexibel genug für Neues.

Und das ist der Anfang vom Ende.

Abgesehen davon, einfach ist auch das nicht. Exklusivität erreicht man nur, wenn klare Grenzen gesetzt und fokussiert vorgegebene Ziele verfolgt werden. Andererseits muss man immer bewusst offen bleiben, um sich keine Chancen entgehen zu lassen, die reife Früchte tragen können. Wie du siehst, ist es nicht so leicht, immer den oder die richtigen Wege zu finden, sondern es ist eine immense Aufgabe diese Gradwanderung zu bestehen. Wenn ich mir so recht überlege, was ich alles aus der mir eigenen, geheimen Kiste an Erfahrungen einschließlich meiner Misserfolge als Unternehmer in diesem Kapitel offenbart habe, hoffe ich, dass ich dafür am Ende nicht allzu viel Schelte bekomme. So erwarte ich doch auch Anerkennung deinerseits, denn bei einigen Passagen war ich mir unsicher, ob das jetzt im Buch unbedingt erwähnt werden sollte. Ich habe auch bereits länger in der Vergangenheit liegende und auch teilweise längst verdrängte Engpasssituationen meinerseits nochmals aufgerollt.

Gerade im letzten Abschnitt, wo es um die Zukunftsaussichten meiner Karriere und damit auch der von hairfree geht, habe ich vor betriebsinternen Zukunftsstrategien nicht immer Halt gemacht und doch das eine oder andere durchblicken lassen. Im ersten Schritt wünsche ich mir, dass du siehst, dass auch ich wie andere nur mit herkömmlichem Wasser koche. Am Ende entscheidet für den größten Erfolg im Leben nicht wirklich dein Talent, sondern wichtig sind deine Motivation und die Ziele, die du dir setzt.

Den Antrieb für das Erreichen deiner Ziele liefert immer deine Motivation, ein Bedürfnis, welchem du nachzukommen hast. Ein Sprichwort besagt, dass langfristig immer dein Fleiß und deine Konsequenz auf dem Weg zu deinen Zielen überwiegen. Und so hoffe ich, als der gehänselte Junge vom Lande, welcher sich mit seinem schlechten Abitur und dann mit gerade so geschafftem Studium ein erfolgreiches Unternehmen aufstemmen konnte, ein gutes Vorbild für dich zu sein. Auf dass du deine Hürden meistern und deine Schwächen zu bekämpfen lernst, um eines zu erreichen: die dir innewohnende Stärke so groß werden zu lassen, dass du dir von nichts und niemandem deine Träume mehr ausreden lässt. Und vor allem an deren Umsetzung glaubst, um diese dann mit ungebremstem Tatendrang und ungebändigtem Ehrgeiz anzugehen.

Das wünsche ich dir, denn erst dann wirst du frei sein und das ist ein großes Glück, welches, wenn du es erreicht hast, dich so richtig stolz sein lässt – auf dich! Niemals wirst du dir etwas vorzuwerfen haben. Denn du bist deinen, und damit den einzig richtigen Weg gegangen.

In diesem Sinne abermals »Den Mutigen gehört die Welt.«

Kapitel 6 – Verdienst du das, was du verdienst?

Vor einiger Zeit hatte ich ein Casting für ein Sendeformat, das sich genau mit der Thematik dieses Kapitels befasste. Ich erzählte zunächst Allgemeines über mich als Führungskraft, meine Entwicklung als solche und damit verbunden selbstverständlich auch über vergangene Führungsfehler sowie Konflikte mit Mitarbeitern und wie ich diese heute möglichst zur Zufriedenheit aller löse. Anschließend wurden die Fragen konkreter: »Herr Hilbert, was verdienen Sie eigentlich? Sind Sie zufrieden mit Ihrem Gehalt? Wie vergüten Sie Ihre Mitarbeiter, werden diese fair bezahlt? Was brauchen Sie persönlich im Monat zum Leben? Sind Sie Millionär? Was bedeutet Reichtum für Sie?« Ich gebe zu, als Neuling in der Medienwelt war ich zunächst überrascht über diese so direkten Fragen. Solche hatte mir bisher noch nie jemand gestellt. Nun muss ich aber sagen, dass ich von meinen Mitarbeitern in den Verkaufsgesprächen auch erwarte, dass sie spritzig, offen, ehrlich, emotional und ganz besonders sicher und schlagfertig ihren Kunden begegnen. Einfacher gesagt, als getan, wenn plötzlich Fragen kommen, die einen derart unvorbereitet treffen und deren Antworten zudem mit einer bestimmten Wichtigkeit verbunden sind. Da wurde der sonst so schlagfertige und für seine quirligen Antworten bekannte Jens auf einmal leise und nachdenklicher. Warum hatte ich eigentlich kein Problem damit, über die früheren Hänseleien, unternehmerische Misserfolge oder meine Coachingtätigkeit zu sprechen, bei deren Inhalten so mancher auch denkt: Mannometer, der ist ja polarisierend und direkt.

Sind Sie zufrieden mit Ihrem Gehalt?

Ich kam tatsächlich kurz ins Stocken, weil ich Hemmungen hatte, hier genauso offen und unverschnörkelt wie sonst meine Meinung zu äußern. Eine Hemmung bedeutet letztlich Angst. Angst, falsch verstanden zu werden und damit womöglich eine unerwünschte Reaktion beim Zuschauer hervorzurufen. Ich weiß natürlich, dass Ängste, die man in sich trägt, am besten offensiv angegangen werden sollten. Das tat ich damals dann auch. Nach ersten Umschreibungen antwortete ich konkret auf die Fragen, weil ich mir dachte: Was hast du schon zu verlieren? Egal, was ich antworte, es wird immer Menschen geben, die werten und bewerten. Bleib dir einfach treu und steh zu dir, dafür hast du auch viele Jahre hart an dir gearbeitet. Im Gegensatz zu jenem Interview muss ich mich nun aber nicht auf kurze Antworten beschränken, sondern habe die Zeit, den schlichten Betrag eines Bruttogehalts und die Neugierde und Bewertung anderer wie auch Verurteilungen oder diesbezüglich entstehenden Neid mal näher zu erörtern.

Die Überschrift dieses Kapitels enthält viele Blickwinkel, von deren Sicht aus man Einkünfte im entsprechenden Verhältnis zur erbrachten Leistung bewerten kann. Es gibt verschiedenste Arten von Einkünften, von denen ich zwei näher beleuchten will, zum einen den Lohn als Angestellter, zum anderen das Erwirtschaftete als Selbstständiger. Es gibt augenscheinlich hohe Gehälter, die einerseits Neid schüren und Ablehnung erzeugen können, andererseits aber auch Bewunderung hervorrufen. Genau wegen dieser verschiedenen Ansichten will ich die Sinne dafür schärfen, inwieweit Lohn und Leistung im Verhältnis stehen und sich gegenseitig bedingen und dies auch sollten. Bei genauem Hinsehen und Verstehen schwindet nämlich dieser Neid ziemlich schnell und macht einer stillen Anerkennung Platz.

Ich verdiene viel Geld, wobei »viel« natürlich immer relativ ist und im Auge des Betrachters liegt. Bei genauerer Betrachtung des immensen Einsatzes, um dieses Geld zu verdienen, stellen die meisten fest, dass sie nicht bereit wären, meinen Weg zu gehen: über komplette acht Jahre hinweg so extrem karrierefixiert kompromisslos durchgehend mindestens 70 Stunden die Woche zu arbeiten.

Es gibt sehr viele Beispiele, die einen davon abhalten, vor seiner eigenen Türe zu kehren. Stattdessen gilt es, lieber die Geissens zu beneiden oder selbst von einem Lottogewinn als Lösung für all seine Probleme zu träumen. Um endlich finanziell aufatmen zu können oder gar die absolute Freiheit zu genießen. Wenn ich von meinem eigenen Werdegang ausgehe und dabei mein inzwischen angehäuftes Vermögen und monatliches Einkommen betrachte, gibt es dennoch immer zwei Betrachtungsweisen, je nach Tagesform und aktueller Wirtschaftslage. Wenn es etwa besonders schlecht läuft und ich mich langsam existenziell eher auf wackligem Grund wäge, stelle ich mir oftmals diese Fragen: Warum hast du dich nur für das risikoreiche Unternehmertum entschieden? Was würde passieren, wenn du pleitegehst und als Unternehmer noch nicht mal Anrecht auf Arbeitslosengeld hättest? Der soziale Abstieg direkt bis hinunter auf die Stufe des Sozialfalls wäre im Falle einer Insolvenz zwangsläufig. Andererseits, wenn es richtig gut läuft, fühle ich mich in meiner Entscheidung zum Unternehmertum bekräftigt. Bisweilen werde ich sogar undankbar und überlege, wie ich als Führungskraft noch besser im Vergleich zu anderen Managern werden könnte, um noch mehr Geld zu verdienen. Ab und an packt mich dann sogar die Gier. Aus Erfahrung weiß ich, dass einige meiner Mitarbeiter oft im selben Schema denken. In einem schlechten Monat sind sie froh, das ihnen vertraglich zugesicherte Gehalt überwiesen zu bekommen. Umgekehrt, wenn es richtig gut läuft und die Kasse klingelt, denken sie: Mensch, der verdient durch mich ziemlich viel Geld, das hätte ich auch gerne.

Ich verdiene viel Geld, wobei »viel« natürlich immer relativ ist

Als Führungskraft obliegt mir die Aufgabe, sehr oft Einstellungsgespräche zu führen. Bei diesen Gesprächen geht es um die Referenzen, den Wert und ganz besonders den Nutzen eines Menschen für unser Unternehmen. Bei der Frage nach dem Gehaltswunsch werden 99 Prozent der Bewerber unruhig. Sie würden es bevorzugen, dass ich ihnen ein Angebot unterbreite, dem sie dann entweder zustimmen oder es eben ablehnen könnten. Einerseits haben diese Bewerber Angst, sich unter Wert zu verkaufen, weil sie den Job wirklich wollen. Andererseits fürchten sie, sich möglicherweise zu überheblich zu präsentieren, sobald sie Gehaltswünsche formulieren, denen sie am Ende mit ihren dagegen stehenden Leistungen nicht entsprechen könnten. Ich führe auch viele Gespräche, in denen sich Bewerber für den Verkaufsbereich in höchsten Tönen anpreisen. Am Ende jedoch entscheiden sie sich lieber für das am Ende des Monats eventuell kleinere, aber dafür sichere Festgehalt, anstatt für das flexible Gehaltsmodell mit kleinem Fixum und einem dafür höheren Provisionsanteil. Was treibt sie dazu, weniger Gehalt für gute Leistungen zu erhalten, wo sie doch so viel mehr wert wären? Am Ende triumphiert das Sicherheitsdenken! Es siegt die Angst, seine monatlichen Kosten eventuell nicht mehr abdecken zu können und oftmals fehlt schlichtweg das Selbstvertrauen. Mir erscheint es logisch, dass für einen höheren Verdienst auch mehr Mut an den Tag gelegt und mehr Verantwortung übernommen werden muss. Leider Gottes wagen das nicht viele. Wie können sie dann später so einfach behaupten: Ich habe mein Bestes für die Firma gegeben, werde dafür im Verhältnis aber nicht genügend entlohnt? Wäre es nicht viel ehrlicher und transparenter, sich messbar klar an Ergebnissen bewerten zu lassen und entsprechend zu verdienen?

Wenn ich manchmal neue Mitarbeiter frage, wie denn der Monat laufe, höre ich häufig: »Es ist momentan echt stressig!« oder »Es ist so unglaublich viel zu tun!« Die Wenigsten argumentieren dabei zahlenaffin und teilen mir mit, dass sie noch zwei oder drei Kunden benötigen, um das Monatsziel zu erreichen. Aber genau bei einem solchen Beispiel möchte ich anfangen, die Sinne so zu schärfen, dass du einen anderen, einen erweiterten Blickwinkel auf dich, deine Konkurrenz und zudem auf dein eigenes Unternehmen oder deinen Arbeitgeber gewinnst. Aus meinen Coachings kenne ich viele Unternehmer, die zwar allmonatlich versuchen, die Kosten zu decken, aber viel weniger auf ein bestimmtes Umsatzziel hinarbeiten. Wenn man nämlich eins anvisiert, würde man zwangsläufig schnell erkennen, wo noch Optimierungsbedarf besteht.

Warum fallen uns beim Nichterreichen vereinbarter Ziele wiederum so zahlreiche, angeblich klare Begründungen für den misslungenen Erfolg ein? Etwa, um sich selbst nicht zu sehr in die Verantwortung nehmen zu müssen? Es fällt in der Regel viel einfacher, es auf die fehlende Motivation der Mitarbeiter, die geringen Kundenanfragen, das Wetter oder die vermeintlich besseren Rabattaktionen der Mitbewerber zu schieben. Die Liste an Ursachen für ein schlechtes Monatsergebnis kann vielfältig sein. Dementsprechend variieren kann ein provisionsgewichtetes Gehalt, gerade bei Mitarbeitern in Vertrieb und Verkauf.

In einer Gehaltsverhandlung niemals ein Gehalt unverhandelt annehmen

Es gibt nur eine Methode, ein überdurchschnittlich verdienender Mensch zu werden: Ich muss dauerhaft bessere Leistungen erbringen als der Schnitt und diese Leistung gewinnbringend vertreten und dementsprechend verkaufen. Um das nochmals zu verdeutlichen: Wenn ich mich schon vergleiche, dann darf ich bei mir keinen Neid auf andere aufkommen lassen. Denn Neid hemmt mich. Es kostet mich zusätzlich sogar Energie, die ich anderswo noch besser einsetzen könnte. Ich muss eine stete Motivation dazu entwickeln, mich als Mensch nach meinen Fähigkeiten so zu positionieren, dass ich von größtmöglichem Nutzen für mein Unternehmen oder auch für eine größtmögliche Anzahl von Kunden bin. Zusätzlich muss ich an meiner Einzigartigkeit arbeiten, um mich gegenüber allen Konkurrenten abzuheben. Um mich selbst gewinnbringend zu verkaufen, darf ich in einer Gehaltsverhandlung niemals ein Gehalt unverhandelt annehmen. Viele Bewerber beten mir auch gerne ihren Lebenslauf vor. Dabei gefällt es mir viel besser, wenn sie mir anschaulich erläutern, warum sie anhand früherer Erfahrungen oder bestimmter Fähigkeiten genau zu uns als Unternehmen passen. Dass sie diese einbringen können und damit von großem Nutzen sein werden und uns damit vielseitig bereichern. So etwas überzeugt mich sehr viel mehr – das machen aber die wenigsten, leider.

Wenn ich über meinen Wert in Zahlen nachdenke, muss ich meine Motivation für das Erreichen meiner Gehaltsziele überprüfen. Ein wesentlicher Faktor ist meine angeeignete Fachkompetenz, die ich über eine Ausbildung, ein Studium oder Seminare erhalten habe oder die ich mir autodidaktisch mühsam erarbeitet habe. Meckern über seine Situation geht natürlich viel einfacher, als genau nachzuprüfen, warum und wieso man mit seinem Gehalt unzufrieden ist. Einen angesehenen Sportler für seine Millionen zu bewundern oder gar zu beneiden ist natürlich viel einfacher, als etwa hinter die Kulissen zu schauen, wo schnell klar wird, dass hier von Kindesbeinen an sehr viel harte Arbeit hintersteckt. Gleiches gilt für Olympiasieger. Diejenigen, die schneller laufen als alle anderen, und am Ende eine Goldmedaille erhalten, haben über Jahrzehnte hinweg hart trainiert und sich alles Menschenmögliche abverlangt. Wiederum dasselbe gilt für eines der bestbezahlten Supermodels unserer Zeit, Heidi Klum. Wenn ich bedenke, wie oft diese Frau unter Beschuss steht, dass sie eine unterkühlte, eiskalte Geschäftsfrau sei, oder dass sie junge Frauen in ihrer Show mutwillig in die Magersucht treiben würde, so finde ich das doch sehr fragwürdig. Oft wird Heidi Klum auch als durchschnittliches Model bezeichnet. Letztlich hat diese Frau allerdings den Mut bewiesen, jeglicher Kritik zum Trotz über 25 Jahre auf der Bildfläche präsent und populär zu sein, und auch das ist nur mit harter Arbeit möglich. Zudem hat sie begonnen, sich als Persönlichkeit gut in Szene zu setzen, um gegenüber allen anderen einzigartiger und auffälliger zu sein. Laut Forbes-Liste zählt sie heute zu den einflussreichen Menschen unter uns. Das finde ich einfach bemerkenswert.

Wie verdient man also das, was man wirklich verdient? In der Regel höre ich von Freunden oder auch Mitarbeitern eher, dass sie zu wenig als zu viel verdienen. Eine Aussage wie »Wenn ich mich noch in folgenden Punkten weiterentwickle, dann könnte ich auch mehr verdienen« höre ich äußerst selten. Mit etwas mehr Eigenreflexion gäbe es eigentlich nie einen Grund zur finanziellen Unzufriedenheit. Schwierigkeiten tauchen immer erst dann auf, wenn uns der Mut fehlt, den Tatsachen ins Auge zu sehen, in dem Fall müsste man sich nämlich selbst in die Verantwortung nehmen. Es gibt aber auch viele, die sich insofern mit ihrem Gehalt arrangiert haben, als dass sie sich nur ab und zu, beispielsweise bei aufkommendem Neid, Gedanken über eine Gehaltserhöhung machen. Aber auch dann träumen sie vielmehr nur davon, mehr Geld zu haben und kommen aus Bequemlichkeit nicht dazu, etwas zu ändern.

Was genau ist denn eigentlich eine faire Vergütung? Und wann entsteht Neid? Wenn ich die Diskussionen, besonders zu den Gehältern von Bankmanagern, sehe, mir dann aber dagegen die Vergütung von Fußballspielern anschaue, dann frage ich mich natürlich, warum die einen Hasstiraden ertragen müssen und die anderen auf dem Fußballfeld umjubelt werden. Warum sagt keiner, dass die Konzerteintrittskarten von einer Madonna oder einer Britney Spears zu teuer sind? Es ist öffentlich bekannt, dass diese Damen laut Forbes-Liste im Jahr mehr als 100 Millionen Dollar verdient haben. Ist es okay, dass ein Weltstar das verdient und eine Assistentin im Gegensatz vielleicht nur 3000 Euro brutto im Monat oder weniger? Diese Vergleiche können noch endlos weitergeführt werden. Ich gehe beispielsweise davon aus, dass ein Grund für die Niederlage von Herrn Steinbrück bestimmt auch in der Offenlegung seiner Einkünfte als Redner zu sehen war. Gleichzeitig frage ich mich, warum ein Lufthansa-Chef mehr oder weniger im gleichen Atemzug, in dem er Personal abbaut, auch sein Gehalt erhöhen kann? Ich denke, wenn ich in diesem Zusammenhang von Neid spreche, darf sich das Thema Verantwortung dazugesellen. Wenn ich von Gehältern lese, gebe ich zu, bin ich immer neugierig und die Information bewirkt etwas in mir. Ich lese unregelmäßig das *Manager Magazin*, aber eine Ausgabe verpasse ich nie, nämlich die mit den 500 reichsten Deutschen. Manchmal bin ich dann beim Lesen auch ein wenig neidisch, aber auf positive Weise. Ich finde es grandios, dass es ein Mensch innerhalb von wenigen Jahren schafft, einen so hohen Wert seiner Eigenmarke zu erzielen, dass er gleich Milliardär wird. Ich kann natürlich nicht hinter die Kulissen schauen, aber wenn ein Herr Steinbrück eine so hohe

Was genau ist denn eigentlich eine faire Vergütung?

Summe für Vorträge kassiert, dann, mit Verlaub, muss er aus meiner Sicht fundiert von sehr interessanten Themen zu erzählen haben, sonst würde er diese Gagen nicht erhalten. Meiner Meinung nach wäre das sogar ein Grund mehr gewesen, ihn zu wählen, denn wenn es ein Mensch schafft, so viel Geld in der freien Wirtschaft angeboten zu bekommen, ist das für mich immer höher angesehen als Geld, das aus der Situation einer sicheren Besoldung verdient wird.

Ich finde es auch okay, dass Angebot und Nachfrage den Markt bestimmen. Wenn es also möglich ist, für eine Eintrittskarte eines Madonna-Konzertes eine Summe von mehreren Hundert Euro zu verlangen, dann darf man nicht vergessen, dass die Dame das nicht von Anbeginn ihrer Karriere verdient hat. Hinzu kommt, dass dieses Privileg nur sehr wenigen Superstars vorbehalten ist. Ich will gar nicht wissen, wie hart dieser Job sein muss, täglich Madonna zu sein. Meine Meinung zu Neid ist denkbar pragmatisch. Ein Mensch, der Neid verspürt, sollte zunächst vor der eigenen Haustür kehren. Neid kann nur dadurch entstehen, dass ich bei anderen etwas sehe, was ich selbst gerne hätte, ich also ein Mangelgefühl bei mir wahrnehme. Wenn ich aber anfange, so wie eine Madonna, meine Träume zu verwirklichen und mich von nichts und niemandem abbringen lasse, dann kann ich gar nicht neidisch werden. Ich bin dann einfach mit der Verwirklichung meiner Träume beschäftigt und habe keine Zeit und keine Lust, auf die anderen zu schauen.

Bei anderen etwas sehen, was man selbst gerne hätte

Kürzlich gab es einen Streit zwischen zwei meiner Mitarbeiter. Es ging um eine scheinbar unfaire Vergütung, weil die Gehälter auch offensichtlich unterschiedlich waren. Diejenige, die weniger verdiente, war angefressen und sorgte wochenlang für ein schlechtes Betriebsklima. In dem Meeting, das eine Klärung herbeiführen sollte, setzte sie sich wie ein trotziges Kind hin und verschränkte gleich die Arme. Anstatt der Kollegin das Gehalt zu gönnen und sie zu fragen, wie sie beim Chef so ein gutes Gehalt verhandelt hat, fuhr sie stattdessen die Krallen aus und wurde kratzbürstig. Ich bin mir sicher, dass sie ein besseres Gehalt hätte verhandeln können, wenn sie nicht zerfressen vor Neid und negativ in das Gespräch gegangen wäre. Ich fragte sie, ob sie denn bereit sei, die Verantwortung für die Umsätze und die Mitarbeiter der Filiale zu übernehmen. Schnell wurden ihre Antworten einsilbiger.

Hier wären wir jetzt auch bei dem Thema Verantwortung angekommen. Ich selbst wundere mich manchmal, mit wie viel Geld manche Politiker um sich werfen, und ich gebe zu, ich bin auch nur ein naiver Bürger und weiß nicht viel um die einzelnen Projekte, die begleitet werden und dass es nicht immer funktioniert, allen gerecht zu werden. Aber wenn ich meine neue Systemzentrale plane und das Budget um das Dreifache oder wie im Fall des Berliner Flughafens um das Vielfache überschritten wird, weil ich es nicht richtig kalkuliert habe, dann trage ich auch die hundertprozentige Verantwortung für meinen Fehler. Ich habe kein Konto, das endlos belastbar ist. Ich habe das Gefühl, wenn man das Geld selbst verdient hat, geht man auch verantwortlicher damit um und setzt es auch bewusster ein, anderenfalls ist relativ schnell Schicht im Schacht.

Ich kann sagen, dass ich beruflich bislang sehr hart daran gearbeitet habe, um das zu machen, was mich wirklich glücklich macht, und ich bin bereit, ein höheres Risiko einzugehen als viele andere und damit habe ich auch die Möglichkeit, einen höheren Renditehebel in Form eines guten Gehalts zu generieren. Wenn es meinem Unternehmen allerdings schlecht geht, bin ich dann auch der Erste, der sein Gehalt streicht und den Gürtel enger schnallt, weil ich Verantwortung gegenüber meinen Mitarbeitern trage. Bevor ich einmal unpünktlich das Gehalt überweise, würde ich nach Möglichkeit lieber das Geld selbst vorbeibringen. Was das betrifft, bin ich ausgesprochen verantwortungsbewusst, weil ich von meinen Mitarbeitern auch viel erwarte und möchte, dass sie sich für mich und mein Unternehmen motiviert einsetzen. Insofern wäre es für mich undenkbar, mir selbst Gehalt auszuzahlen, während ich Mitarbeiter kündigen müsste und Rechnungen nicht begleichen könnte.

Wenn jemand viel Verantwortung übernimmt und auch gute Leistungen erbringt, dann bin ich sofort bereit, ihn auch gut dafür zu bezahlen. Ich zahle aber auch nur für Kompetenzen und gute Ergebnisse hohe Gehälter und nicht für Wünsche und Visitenkarten. Wenn man bereit ist, ausschließlich auf Provision zu arbeiten, dann ist immer ein höheres Maß an Motivation nötig, um gleichbleibende Provisionen über das gesamte Jahr hinweg einstreichen zu können. Man muss sich regelmäßig Gedanken über saisonale Schwankungen und das Konsumentenverhalten machen, sonst geht man unter. Aus eigener Erfahrung weiß ich, dass die Wenigsten gewillt sind, diese Verantwortung zu tragen. Dementsprechend dürfen sie sich dann aber auch nicht beschweren, wenn die Gehaltstüte nicht so prall gefüllt ist wie bei dem Kollegen, der bereit ist, dieses Risiko einzugehen.

Träume gehen aber niemals in Erfüllung, sondern ausschließlich Ziele

Natürlich ist das Gehalt nicht das Wichtigste im Leben, aber Geld ist das wichtigste Tauschmittel, um die laufenden Kosten zu decken. Wenn man träumt, träumt man in der Regel nicht von Geld, sondern eher von dem, was man sich mit mehr Geld ermöglichen würde. Träume gehen aber niemals in Erfüllung, sondern ausschließlich Ziele, die man fokussiert und diszipliniert verfolgt. Wenn ich bereit bin, alles zu tun, um meine Träume zu verwirklichen, und jede Hürde nutze, um daran zu wachsen und beim nächsten Versuch noch höher und schneller zu springen, kann es gar nicht anders sein, als dass irgendwann auch eine Gehaltsabrechnung ins Haus flattert, auf der eine Summe steht, die das Gesamtpaket meiner Zufriedenheit abrundet. Wenn wir ehrlich sind, möchten wir aber mehr. Letztlich ist das dahinterliegende Ziel, anerkannt und einzigartig zu sein. Ich vermute, dass das auch das übergeordnete Ziel einer Heidi Klum ist. Warum sollte sie sonst ständig Sport machen und wie eine Verrückte Diät halten, wenn sie sich eigentlich mit ihrer tollen Familie in ihre Villa zurückziehen könnte, um ihr Leben zu genießen? Wenn ich meine Bedürfnisse kenne, bin ich motiviert und handele auch danach. Das, was man sucht, kommt in der Regel auch zu einem. Wenn ich danach strebe, reich und berühmt zu werden, dann muss ich auch den Mut aufbringen, mich knallhart in die Konkurrenz zu begeben, um genau analysieren zu können, ob meine Leistungen im Vergleich zu allen anderen schon individuell und einzigartig genug sind, um mich von der Masse abzuheben. Wenn ich diesen Zustand erreicht habe, laufe ich in der Regel dem höheren Gehalt nicht mehr hinterher, sondern bekomme es angeboten, denn das Geld kommt bei überdurchschnittlichem Erfolg automatisch. So war das schon immer und so wird es auch immer bleiben. Ich muss es natürlich schaffen, mich immer wieder neu zu erfinden, um für meine Umwelt immer wieder innovativ und einzigartig zu bleiben. Das hat in meinen Augen ein Mann, den viele Menschen kennen, ohne Zweifel geschafft: Steve Jobs. Er war bis zum Schluss nicht nur mutig, sondern auch sein ganzes Leben hindurch innovativ und das machte ihn einzigartig.

Das, was man sucht, kommt in der Regel auch zu einem

Wo du aktuell stehst, kannst du anhand von Einkommensstatistiken analysieren. Es gibt zurzeit gut 7,1 Milliarden Menschen auf der Erde, davon sind circa 1500 Menschen Milliardäre. In Deutschland leben rund 80 Millionen Menschen, davon sind circa 950.000 Vermögensmillionäre – das entspricht 1 Prozent der Bevölkerung – und schätzungsweise 10.000 Menschen sind Einkommensmillionäre – das sind circa 0,03 Prozent aller Steuerpflichtigen. Das Durchschnittsbruttogehalt eines Deutschen Arbeitnehmers liegt bei 3.127 Euro. Im Verhältnis dazu leben von den 7,1 Milliarden Menschen weltweit 6 Milliarden an der Armutsgrenze.

Jetzt stellte ich dir erneut die Frage: Wo stehst du aktuell? Erscheint dir dein Gehalt bei der Betrachtung als zufriedenstellend und bist du bei diesem Vergleich eher dankbar oder bist du vielmehr unzufrieden, weil du dich lieber mit deinen Kollegen vergleichst und dich benachteiligt fühlst? Selbst wenn ich mit meinem Gehalt grundsätzlich zufrieden bin, gibt es auch bei mir Tage, an denen ich mich je nach Stimmungslage nicht wohl damit fühle und denke, dass ich auf der Stelle tappe. Das sind die Momente, in denen mich mein Kollege Mathias Gott sei Dank wieder abholt und auf den Boden der Tatsachen bringt. Er hatte ähnlich wie ich in jungen Jahren schnell sehr viel Erfolg als Manager, fuhr einen Audi A8, hatte drei Sekretärinnen und war Entscheider in einem großen Unternehmen. Genauso hatte er aber auch das Pech, dass die Geschäftsgrundlage seines Unternehmens über Nacht wegfiel und das Unternehmen mit einem riesigen Knall zusammenbrach. Zusätzlich zerbrach seine Ehe und er hatte kein Zuhause mehr. Fast ein Jahr lang schlief er bei Freunden und teilweise sogar im Auto. Er durchlebte am eigenen Leib die gesamte Quadratur des lieben Geldes. Vom gefeierten Geschäftsführer mit einer unglaublichen Besoldung und dem Besuch von Red-Carpet-Events wie den Filmfestspielen in Cannes bis eben zur Übernachtung im Auto einsam und ohne einen Cent in der Tasche.

Wenn ich ab und an denke, dass ich jeden Tag bis spät in den Abend und auch am Wochenende arbeite, die ganze Verantwortung trage und mir dazu im Verhältnis mein Gehalt anschaue, bin ich manchmal unzufrieden mit meiner Situation. Diese Unzufriedenheit ist nicht grundsätzlich schlecht, weil sie mich antreibt, weiterzumachen. Ich bleibe dadurch hungrig, prüfe meine Projekte und überlege mir neues, um ja nicht auf dem Fleck stehen zu bleiben. Mathias zeigt mir dann auf, dass ich bereits seit Ende 20 Inhaber mehrerer Firmen bin. Die Firmen haben zwar im Aufbau durchwachsene Jahre erlebt und im Hinblick auf die Zukunft wurde auch immer kräftig investiert, dennoch haben die Firmen Gewinne in siebenstelliger Höhe eingebracht und das bereits in kurzer Zeit, was aus seiner Sicht schon sehr ordentlich ist. Er erinnerte mich daran, dass ich selbst mich seit einigen Jahren in einem Gehaltsgefüge aufhielt, das weit über dem Schnitt liegen würde. Für etwas selbstgeschaffenes, ohne jedwedes Erbe, ausschließlich durch eigene Arbeit in meinem Alter erwirtschaftet, sei das mehr als bemerkenswert. Außerdem hat er mich daran erinnert, dass bereits Investoren an die Tür geklopft haben, die Anteile an unserem Unternehmen erwerben wollten, weil sie das Zukunftspotenzial von hairfree erkannten. Das befand sich im zweistelligen

Millionenbereich und ich entschied mich dagegen und schlug die Angebote aus. Das allein würde Mathias zufolge schon aufzeigen, dass meine Unzufriedenheit nur eine Momentaufnahme sei, denn wenn ich das schnelle Geld vorziehen würde, hätte ich das schon längst tun können. Gerade in dem Beispiel mit den Investoren hätte er gemerkt, dass meine Unternehmensstrategie weitergeht und ich genau wüsste, wo ich in Zukunft hinmöchte. Ich sollte mir allein nur den Unternehmenswert anschauen, der sich bislang jährlich immer positiv entwickelt hat, das sei zwar kein Wert, der in bar auf mein Konto eingezahlt wird, aber de facto mache mich das zu einem Multimillionär. Er fragt mich dann, ob das nicht nach wenigen Jahren Selbstständigkeit in meinem Alter schon besonders und vor allem überdurchschnittlich und genug sei?

Mathias war, bevor seine Karriere als Geschäftsführer bei hairfree anfing, Unternehmensberater für Franchisesysteme und so lernten wir uns auch kennen. Er baute verschiedene Systemstandards bei uns auf und half uns, ein professionelles Franchisesystem zu werden. Er ging während unserer Unterhaltung oder besser gesagt, als er mich mal wieder zurechtfaltete, sogar um einiges weiter und belehrte mich bezüglich Vergütung und Wertbestimmung der eigenen Leistungen im Vergleich zu anderen Managern. Er meinte, dass in der Regel die Unternehmensgröße die Höhe der Gehälter von Geschäftsführern beeinflusse. Ein Geschäftsführer mit mehr als 50 Mitarbeitern verdiene durchschnittlich ein Jahresgrundgehalt von 145.000 Euro, daneben käme noch ein variabler Vergütungsanteil hinzu, der durchschnittlich bei 21 Prozent der Gesamtvergütung liegt. Ein Gehalt um die 200.000 Euro also hätte mit einer hohen Ertragslage zu tun, die ein Geschäftsführer mit der Übernahme seiner Gesamtverantwortung und damit verbunden seinem Beitrag zum Gesamterfolg als Führungskraft durchaus verdient. Im Vergleich dazu verdienen laut Jahresbericht Vorstandsmitglieder des Baukonzerns Bilfinger und Berger 450.000 Euro und diese erreichen dann noch mit variablen Anteilen den Status eines Einkommensmillionärs. Da ich als hairfree-Geschäftsführer laut Mathias in den nächsten Jahren über einen gewissen Soll nicht hinauskommen würde, müsste ich in der Tat etwas tun, wenn ich mit meinem Gehalt unzufrieden sei. Ich könnte versuchen, weitere Unternehmungen zu gründen, bei deren Entwicklung ich selbst keine Arbeitsleistung erbringen müsste. Er meinte damit Aktien, Firmenbeteiligungen oder Anleihen, die würden Dividenden erwirtschaften und ich hätte keinen großen Aufwand damit. Eine weitere Möglichkeit wäre, dass ich eine persönliche Eigenschaft entwickele, die nur wenige Menschen besitzen und für die dann wenige Menschen bereit wären, ganz viel zu zahlen, oder für die viele Menschen bereit wären, wenig zu zahlen; so oder so, der Hebel wäre immens. Bei den Unternehmensbeteiligungen und Aktiengeschäften würde er mich nicht sehen, weil ich ja schon im eigenen Unternehmen immer so meine Probleme mit dem Thema Vertrauen hätte und nur ungern delegierte. Außerdem würden bei Beteiligungen in der Regel von 10 Fällen nur 4 funktionieren und diese müssten dann gigantisch performen, um die anderen 6 wieder auszugleichen. Für mich würde sich wohl am ehesten die Entwicklung meiner persönlichen Eigenschaften eignen, da ich ja auch ein verrückter Typ sei. Mathias stellte sich bei mir so etwas vor wie bei dem Feuerwehrmann »Red Adair«, der nichts anderes machte, als ultrateure Brände an Ölquellen zu löschen. Dieses Phänomen käme zwar nicht oft vor, ist aber ein so teures Unterfangen, dass er mit seiner einmaligen Fachexpertise unfassbar gut vergütet werde. Jetzt wäre es eben meine Aufgabe, an mir zu arbeiten, um genau so eine Eigenschaft, für die ich stehe und für die andere Menschen mich teuer bezahlen, zu finden und auszubauen.

Ich setzte mich damit auseinander, woher ich finanziell kam und wo ich jetzt angekommen war. Was sollte jetzt noch kommen und bis wohin wollte ich mir finanziell meine Ziele stecken? Meine Eltern waren mittelständische Unternehmer und kamen aus der Arbeiterklasse. Sie haben hart gearbeitet und ermöglichten mir den einen oder anderen Luxus, bis es eben nicht mehr ging, weil die finanziellen Mittel nicht mehr zur Verfügung standen. Aus dem Grund habe ich früh angefangen zu arbeiten, um mir meine Statussymbole zu finanzieren. Meine Erfahrungen im Casino hatten mich gelehrt, dass so etwas wie Lottogewinne eher schlecht sind. Statistisch gesehen zeigt sich, dass Geld, das schnell kommt, auch genauso schnell wieder weg ist. Ähnlich verhält es sich bei Erbschaften, mit deren Umfang und Größe man unvorbereitet und überwältigt ist. Wenn ich heute mit mehr innerer Größe über die Bedeutung von Reichtum nachdenke, dann geschieht das auf eine ganz andere Weise als noch vor wenigen Jahren. Mir ist schon bewusst, dass ich finanziell große Sprünge machen kann. Wenn es Menschen gibt, die in einer kleinen Wohnung mit 1.500 Euro Nettoverdienst klarkommen und damit glücklich sind, dann kann ich in meiner aktuellen Situation, in der ich mir einiges leisten kann, finanziell gesehen unmöglich unzufrieden sein. Meine Aufgabe war es jetzt, dankbar zu sein und mal genauer hinzuschauen, um zu sehen, dass ich eigentlich vor Glück einfach nur schreien müsste – und das versuche ich seit dem Gespräch mit Mathias auch.

Ich weiß, dass Reichtum auch viel Verantwortung und großen Druck bedeutet. Das Schöne ist, dass ich die Wahl habe, und dafür habe ich viele Jahre hart gearbeitet und Vollgas gegeben. Dass ich mir hohe finanzielle Ziele gesetzt und diese auch erreicht habe, liegt unter anderem daran, dass ich Minderwertigkeitskomplexe aus meiner Jugend ausgleichen wollte und diese Prägung ist bis heute noch nicht vollends erloschen. Trotz aller Widerstände habe ich es geschafft, was aus mir zu machen.

Wenn ein Karl Lagerfeld mit 80 noch eine eigene weltweite Shopkette eröffnen kann, kann ich mir das Ziel gleichermaßen in noch viel jüngeren Jahren setzen und zudem weitere tolle Ziele formulieren. Ich glaube, dass es langfristig keine einzige leichte Branche und kein einziges leichtes Geschäftsfeld gibt, bei dem einem das Geld einfach so zugeflogen kommt. Ein Millionär zu werden ist Arbeit und es kostet auch eine gewisse Zeit, wenn es dauerhaft sein soll. Die meisten Menschen verdienen zwischen 25.000 und 45.000 Euro brutto im Jahr und ich bin mir sicher, dass diese Menschen viel leisten und glücklich und auch stolz auf ihren Verdienst sind. Wenn dem aber nicht so ist, dann kann ich nur den Tipp geben, sich intensiv mit seiner eigenen Situation zu beschäftigen und zu überlegen, wo man sich als Führungskraft oder Arbeitnehmer verbessern kann. Wo kannst du mutiger sein als die anderen und wo kannst du dadurch bessere Ergebnisse erzielen als die anderen? Wenn ich über meine Zukunft nachdenke, habe ich noch viele Ziele und Träume, die ich verwirklichen möchte. Meine Erfahrungswerte über Verkauf und Führung kann mir keiner mehr nehmen. Ich habe ein mittelständisches, marktführendes Unternehmen mit Zielstrebigkeit und Fleiß aufgebaut. Früher hatte ich nicht das Know-how dafür, aber heute kann ich mir sehr gut vorstellen, dass das Unternehmen hairfree mit seinen Marktaussichten in der Zukunft sehr viele Märkte erobern wird und das womöglich nicht nur in Deutschland, der Schweiz und Österreich. Durch meine bessere Art zu führen, mein aufgebautes Team und die tollen Partner bin ich mir sicher, dass wir in den nächsten 10 oder 20 Jahren noch viele Millionen Kunden glücklich machen werden.

Je besser es mir gelingt zu führen, desto mehr habe ich die Möglichkeit, nur noch das zu machen, worin ich wirklich gut bin, denn dann kann ich alles andere delegieren. Wenn ich darüber nachdenke, worin ich wirklich gut bin, dann fällt mir ein, dass ich Menschen motivieren kann, an sich zu glauben, und hier möchte ich mich als Coach noch weiterentwickeln. Meine größte Gabe ist es, mich schnell in Menschen und deren Bedürfnisse hineinversetzen zu können, und darüber hinaus habe ich bei unternehmerischen Entscheidungen ein gutes Gespür für innovative Ideen. Die Chancen, mich als Gesamtpaket Jens Hilbert mit genau diesem Potenzial einzubringen, werden mir noch viele unverhoffte Möglichkeiten bereitstellen, mich gewinnbringend einzusetzen.

Um deine Träume zu verwirklichen, brauchst du Mut. Lauf also los und beginne zeitgleich, deine Zwischenziele und das Endziel zu formulieren. Wenn du dir dann überlegst, was noch alles fehlt, um dein Ziel zu erreichen, bist du auch nicht mehr unmotiviert, Doppelschichten zu arbeiten oder noch Seminare zu belegen, eine Sprache zu erlernen oder ein Studium zu absolvieren. Zu Beginn werden die Bühnen vermutlich noch kleiner sein, aber sieh sie als Trainingslager für deine Zukunft, um später, für die größere Bühne vorbereitet zu sein. Wenn du es schaffst, deine Träume zu verwirklichen, steigerst du damit automatisch dein Selbstwertgefühl. Wenn dein Selbstwertgefühl steigt, setzt du Grenzen und diese Grenzen machen dich exklusiv und teuer. Wenn du genau weiß, was du willst, und deine Hausaufgaben gemacht hast, dann wirst du sehen, dass du bereit bist, für dich einzustehen und deine Träume durchzuboxen. Damit zeigst du im ersten Schritt Eigenverantwortung und das wird dich früher oder später zu einer guten Führungskraft machen, weil dir die Menschen folgen werden. Je klarer du es schaffst, deine Träume umzusetzen, desto weniger hast du Zeit oder verspürst das Gefühl, auf andere neidisch zu sein. Vielmehr erkennst du dann die Arbeit dahinter und bringst anderen erfolgreichen Menschen ehrliche Bewunderung entgegen. Wenn du so weit bist, wirst du automatisch Menschen anziehen, die ähnlich ticken. Du wirst merken, dass das erst der Anfang ist und weitere Erfolge auf dich warten, weil das einfach die logische Konsequenz deiner neugewonnenen Ausstrahlung ist.

Lass dir helfen, sei offen für Kritik und wachse daran. Du wirst sehen, dass du Angebote bekommst, die du im Traum nicht für möglich gehalten hast. Am Ende kommt das Geld immer zum Erfolg und umgekehrt.

Kapitel 7 – Worauf möchtest du an deinem 85. Geburtstag zurückblicken?

Seit mehreren Tagen sitzt mir meine Lektorin im Nacken, weil ich dieses Kapitel schon längst hätte abgeben müssen. Eigentlich hatte ich ja auch genug Zeit, es zu schreiben, denn es sind gerade die Weihnachtsfeiertage und diese Tage zwischen den Jahren, in denen alles etwas ruhiger läuft. Aber irgendwie liegt mir dieses Kapitel sehr schwer im Magen, weil ich nicht genau weiß, welche Geschichte ich dir erzählen soll. Dieses Buchprojekt begleitet mich nun schon zwei Jahre. Von der Idee, der anschließenden Vertiefung der Kapitelinhalte, bis hin zum Schreiben selbst sind mir viele Themen durch den Kopf geschossen. Das Schreiben des Buches selbst war und ist, wie ich noch heute merke, eine äußerst anspruchsvolle Aufgabe. Doch habe ich sie mir vorgenommen und werde sie dementsprechend auch durchziehen.

Ich habe viele Dinge meines Lebens erneut aufgerollt und nochmals mit mehr Distanz überprüft und reflektiert. Einige Themen habe ich mehrfach verworfen und andere wiederum schlussendlich angepackt und aufgearbeitet. In diesem letzten Kapitel möchte ich nicht viel Neues anbringen, sondern zum eigentlichen Abschluss in diesem Buch finden und somit auch meinen momentanen Entwicklungs- und Erkenntnisstand reflektiert festhalten.

Ich möchte nicht wiederholen, was bereits in den vorangegangenen Kapiteln angebracht wurde, sondern eine schöne und auch passende Geschichte finden, die das Buch sinnig abrundet. Und genau hier habe ich die ganze Zeit eine Schreibblockade. Ich hätte nicht gedacht, dass dieses letzte Kapitel eine solch große Herausforderung für mich werden würde. Bei den vorangegangenen Kapiteln schrieb ich sehr offen und ehrlich über Situationen, die ich durchlebt habe. Zu Beginn des Buchprojektes dachte ich, dass ich in diesem Kapitel über meine Ziele in der Zukunft schreiben würde und das wär's dann. Im Grunde stimmt es ja auch, aber genau hier kam wieder Angst in mir auf.

Warum Angst? Ich hatte Angst davor, meine tiefsten und geheimsten Träume offenzulegen, die ich mir für die Zukunft wünsche. Aber genau das ist eben Thema dieses Kapitels. Natürlich hätte ich auch meine Lektorin anrufen und ihr ein anderes Ende vorschlagen können, aber das ist nicht mein Ding. Weglaufen und den bequemen Weg gehen entspricht mir nicht. Ich habe in der Mount-Everest-Geschichte auch von geschäftlichen Zielen für die nächsten drei, vier oder auch zehn Jahre berichtet. Ganz besonders im Kapitel »Verdienst du das, was du verdienst?« habe ich offen über meine finanzielle Situation geredet.

Nun habe ich die Aufgabe, niederzuschreiben, was ich an meinem 85. Geburtstag alles erreicht haben möchte! Aber dieses Ereignis liegt im Moment noch 50 Jahre in der Zukunft. So stehe ich also vor dem Konflikt, schwarz auf weiß und für alle Ewigkeit meine kühnsten Wünsche zu offenbaren, mit der Sorge, wenn ich diese nicht erreiche, mich dem Gelächter der anderen aussetzen zu müssen. Ganz zu schweigen davon, dass ich auch für mich all meine gesteckten Ziele erreichen möchte und mich mit solch einem Anschreiben ungemein unter Druck setze.

Als am dritten Tag immer noch gähnende Leere auf dem Blatt vor mir herrschte, der Abgabetermin aber zusehends näher rückte, rief ich meine Freundin Claudia an. Ich erzählte ihr, wovon das letzte Kapitel handeln sollte, und schilderte ihr meine Gedanken dazu. Ich beschrieb ihr, was ich bis zu meinem 85. Geburtstag alles erreicht haben würde, in welchem Ambiente die Feier geplant sein würde und wer alles zu Gast sein sollte. Zudem erläuterte ich, wie ich mich als Mensch entwickelt haben würde und wie die Menschen über mich denken. Wenn ich irgendjemanden zu Jens Hilbert interviewen würde, würde er ausnahmslos tolle und sympathische Sachen über mich zu sagen haben. Mein mir erträumtes Lebenswerk wäre damit vollendet. Auch erklärte ich Claudia, dass es meiner Meinung nach wenn ich jetzt über meine ganz großen Träume schriebe, wo ich doch scheinbar bereits alles erreicht habe, was ich mir vorgenommen habe. Dem widersprach sie und verstand mein Problem damit nicht. Ich sagte ihr, dass ich das Buch zwar vornehmlich für mich schreibe, aber eigentlich auch Erfolg damit haben möchte. Wenn ich jetzt nicht in meinem Rahmen bescheiden bleibe, sondern die richtig großen Träume rauslasse, könnte das vielleicht Unverständnis und Missgunst erzeugen oder auch Gelächter hervorrufen, wovor ich natürlich Angst hätte. An dieser Stelle motzte ich sie noch zusätzlich an, welch demotivierendes Buch sie mir doch zu Weihnachten geschenkt hatte. Selbstverständlich ist Claudia jetzt endgültig irritiert und unverständig. Das Buch ist ein Bildband über einen schwerreichen Unternehmer, der sich ein riesiges Gestüt aufgebaut hat. Als sie es mir schenkte, fügte sie noch hinzu, dass sie sofort an mich gedacht hat, als sie es zufällig in einem Buchladen sah. Ich könne daraus bestimmt ein paar Ideen gewinnen, bevor ich mir in einigen Jahren meinen eigenen Traum verwirkliche.

Mit meinem Leitsatz, Konflikte, die man mit anderen hat, zunächst bei sich selbst zu bereinigen, traf ich mal wieder ins Schwarze. Claudia wollte mir mit dem Geschenk eigentlich nur aufzeigen, wie sehr sie an mich glaubt. Ich dachte im ersten Moment allerdings nur, wie ineffektiv ich doch sei, es noch nicht erreicht zu haben, und dass sie mir mit diesem Geschenk nur aufzeigt, wie bedeutungslos das von mir bis jetzt Erreichte ist. Meine Ungeduld und meine hohen Erwartungen an mich selbst setzten mich mit dem Geschenk zusätzlich unter Druck. Außerdem stieg noch ein altbekanntes Thema in mir auf: Ich sagte ihr, dass dieser Bildband mir Unbehagen bereitete, weil ich das Gefühl hätte, dass ich nur mit noch größeren Erfolgen weiterhin von meiner Umwelt respektiert werden würde. Schon als ich es aussprach, ertappte ich mich wieder einmal dabei, immer noch viel zu sehr fremdbestimmt zu sein. Wenn ich eines wusste, dann, dass ich auch weiterhin Claudias Freund sein würde, auch wenn ich alles, was ich besitze, verliere. Genau aus diesem Grund schenkte sie mir das Buch, weil sie nach wie vor stolz auf mich ist, und mir jeden Erfolg, den ich habe, aus tiefstem Herzen gönnt. Als ich ihr erklärte, dass ich zwar ehrlich und authentisch über meine kühnsten Träume schreiben wolle, aber nicht wüsste, ob das wirklich gut ankäme, verstand sie mich einerseits und bestärkte mich darin, dies durchzuziehen. Sie verstand auch meine Sorge, dass es womöglich überheblich rüberkommen könnte, sich zum Beispiel als Schauspieler hinzustellen und zu sagen: »Ich will oder ich werde einmal einen Oscar gewinnen!«. Ihrer Meinung nach ist so etwas nicht planbar. Vielmehr glaubt sie, dass es den richtigen Menschen irgendwann einfach widerfährt. Hier erklärte ich vehement, dass das auf keinen Fall zutrifft, denn ich bin mir ausgesprochen sicher, dass viele Schauspieler den Traum haben, einmal diesen begehrten Preis in Händen zu halten. Ich kenne zwar kein Interview, in dem eine Julia Roberts jemals gesagt hätte, dass sie ihre Filmrollen mit den Kriterien auswählt, damit eine mögliche Oscar-Nominierung zu erhalten oder an einem Blockbuster teilzuhaben. Am Ende entscheidet dies aber auch über ihre weitere Karriere als Schauspielerin und bestätigt mir die Hollywood-Laufbahn von Julia Roberts, welche zufälligerweise an Weihnachten mal wieder im Fernsehen lief. Zu Beginn ihrer Karriere hatte sie über viele Jahre hinweg bei Castings keinen Erfolg. Bis dann der Tag kam, an dem die damals schon berühmte Meg Ryan ihre Hauptrolle für den Film »Pretty Woman« kurzfristig absagte und Julia Roberts dadurch die Chance ihres Lebens erhielt. Nach diesem Megaerfolg versuchte sie auch stärkere Charakterrollen zu spielen – den Zuschauern gefiel sie darin aber zunächst nicht, weshalb diese Filme floppten. Zudem hatte sie viele Affären und schnell war sie vom gefeierten Weltstar zum scheinbar wankelmütigen, unsteten One-Hit-Wonder mutiert. Ganz schön heftig, oder? Schließlich hat sie aber wieder die Kurve gekriegt und im Jahr 2000 – 10 Jahre später zu Recht für die unglaubliche Leistung in Erin Brockovich, eine Charakterrolle diesmal – den Oscar als beste Hauptdarstellerin erhalten.

Und genau das ist an dieser Stelle mein Konflikt mit diesem Kapitel. Ich will authentisch über meine Träume schreiben und am Ende nicht als verrückt erklärt werden, nur weil ich die Uhr 50 Jahre weiterdrehe. Andererseits stellt es sich als schwierig dar, ein Buch mit dem Titel »Den Mutigen gehört die Welt« zu schreiben und eben diese Vision nicht frontal und unverblümt zu kommunizieren. Claudia verstand zwar, meinte aber dennoch: »Schreib alles nieder, was du dir erträumst, und wenn es schiefgeht und dich danach alle dumm anschauen, dann werde ich auf jeden Fall hinter dir stehen.«

Um mich von Claudias Geschenk, dem Bildband, wieder emotional zu erholen, ging ich strategisch an die Sache heran und legte eine Tabelle mit alle meinen Wertevorstellungen, Stärken und Schwächen an. In drei Kategorien vergab ich Noten. Ich benotete alle Punkte mit dem Stand von vor zehn Jahren, dann mit dem jetzigen und zu guter Letzt aus der Sicht heraus, an welchem Punkt ich gerne zu meinem 85. Geburtstag stehen wollte. Meine Blickwinkel machten mir deutlich, dass ich mich sehr gut entwickelt hatte. Allerdings sah ich noch einige Zensuren, die verbesserungswürdig waren und in der Zukunft besser ausfallen sollten.

Ich stellte mich der Verantwortung, dieses Buch so zu Ende zu bringen, wie ich mich auch als Mensch entwickelt habe. Ich entschloss mich, zu meinen Werten zu stehen, wollte aufzeigen, dass ich durch einige Erfahrungen schlauer geworden bin, aber bei vielen Denkweisen noch nicht meine 100-prozentige Reife erreicht habe. Hier wären wir beim Thema Perfektionismus angekommen. Wenn ich ganz hart mit mir ins Gericht gehe, bin ich, das Gesamtpaket betrachtend, vielleicht bei 60 Prozent auf der Zieltabelle meiner persönlichen Reife angekommen. Ich habe mein Leben entschleunigt und das Thema »stete Rastlosigkeit« ganz gut in den Griff bekommen. Auch bin ich schon viel weniger emotional beim Umgang mit Mitarbeitern und meiner Umwelt. Und trotz allem verbrauche ich immer wieder Joker, weil mir Ängste im Weg stehen und mir meine Ungeduld einen Strich durch die Rechnung macht. Die Verbesserung meines Denkens in Defiziten, dass ich also Sachverhalte eher pessimistisch als optimistisch sehe, ist auch noch nicht bei 100 Prozent angekommen. Dadurch verspüre ich die Furcht, vielleicht alles wieder zu verlieren oder noch nicht genug erreicht zu haben, um finanziell abgesichert zu sein. Ein weiterer Punkt ist, dass ich immer wieder feststelle, dass es Menschen schaffen, mich zu verletzen oder zu kränken. Das gibt mir oftmals das Gefühl, wertlos zu sein, woraufhin mein Selbstvertrauen erneut schweren Schaden nimmt. Ich ertappe mich beim Vergleichen und merke, dass bei mir noch eine Fremdbestimmung durch die Außenwelt stattfindet, ich mich also noch nicht vollends frei gemacht habe vom Wunsch nach öffentlicher Anerkennung.

Ich merkte an dieser Stelle, dass es Lebensthemen gibt, die ich niemals überwinden werde, sondern einfach regelmäßig pflegen und trainieren muss, auf dass sie sich immer weiter entwickeln und nicht zurückfallen.

Ein Raum besitzt vier Ecken. Wenn man einen Gegenstand in die Mitte des Raumes legt, kann man ein und denselben Gegenstand aus vier unterschiedlichen Ecken betrachten. Dennoch wird es immer derselbe Gegenstand bleiben, allerdings wird er aufgrund der verschiedenen Blickwinkel immer anders erscheinen. Durch meine Vergangenheit sind bei mir die Themen Perfektionismus, Rastlosigkeit und Ungeduld stärker ausgeprägt als bei anderen.

Die Erkenntnis, die ich nach dem Schreiben dieses Buchs jedoch gewonnen habe, ist, dass ich mich schon sehr viel mehr aus meiner Pessimismus-Ecke traue als noch vor 20 Jahren. Ich habe Verantwortung für mich und meine Opferrolle übernommen und habe angefangen zu kämpfen. Meine Angst, wieder gehänselt und verletzt zu werden, ist im Grunde auch mein Antrieb, Bestleistungen zu erbringen, um mir und auch meiner Umwelt gerecht zu werden. Früher in der Opferrolle habe ich über mein Schicksal der Außenseiterposition noch gejammert. Dann habe ich aufgehört zu jammern und heute betrachte ich diese Position als meinen Karrierebeschleuniger.

Ich habe mir mal geschworen, mich nicht mehr unterbuttern zu lassen, egal, was passiert. Ich habe mir auch geschworen, mich nie wieder für meine Umwelt zu verstellen und immer meinen Werten treu zu bleiben. Beides habe ich erreicht und geschafft. Ich will dieses Kapitel genauso wie alle anderen vollenden: ehrlich, mutig und risikobereit. Dazu musste ich einige Tage abwägen, was darin enthalten sein sollte. Ich wollte keine Weichspülergeschichte schreiben, aber ich will dich als Leser auch nicht verlieren. Am Ende möchte ich mit diesem Buch gerne Erfolg und Anerkennung. Und hier musste ich die Erpressbarkeit in meinen Gedanken loslassen. Ich kann nicht einerseits das Motto »Den Mutigen gehört die Welt« proklamieren und andererseits bei Themen, wo es eng und kritisch wird, mich wieder in die Opferecke zurückziehen, weil ich Angst vor den Reaktionen habe.

Wenn ich über meinen 85. Geburtstag nachdenke, fällt mir als Allererstes ein, dass ich ein sehr wichtiges Gut bislang noch gar nicht erwähnt habe, und das ist Gesundheit. Ich hoffe, dass ich 100 Jahre alt werde und mit 85 noch super fit bin. Wir wissen alle, dass alles Geld und alles Schöne der Welt nichts wert sind, wenn wir nicht gesund sind. Deshalb hoffe ich, dass ich noch viele Jahre leistungsfähig, gesund und selbstbestimmt leben darf. Wenn ich dann weiterträume, denke ich immer: und wenn schon krank oder hilfsbedürftig, dann doch wenigstens die Möglichkeit haben, die besten Ärzte und Behandlungsmethoden in Anspruch nehmen zu können.

Wenn ich über meine tiefsten und kühnsten Träume nachdenke, erinnere ich mich an ein weiteres prägendes Erlebnis aus meiner Kindheit. Ich kann mich noch sehr gut daran erinnern, dass meine Mutter ein riesiger Fan der beliebten 80er-Jahre-Serie »Denver Clan« war. Wenn ich träume und über meine Zukunft nachdenke, fällt mir immer wieder der Vorspann ein, in dem diese riesige Avenue zum noch viel größeren Anwesen führt und immer automatisch der Springbrunnen angeht, sobald sich die Pforten öffnen. Ich finde diese ganzen Klischees, die in diesem Intro bedient werden, einfach nur toll. Ich träume davon, auch im Alter eine angesehene, geschätzte und charismatische Persönlichkeit zu sein, die an ihrem 85. Geburtstag in einem riesigen Park des eigenen Anwesens mit mehreren Hundert Menschen feiert und dem trotz allen Erfolgs kein Neid, sondern ausschließlich Anerkennung und Liebe entgegengebracht wird.

Ich wünsche mir, dass meine Meinung und meine Ansichten so viele Menschen interessieren, dass die Bühnen, auf denen ich meine Ansprachen halte, riesig sind. Letztlich würde ich sogar gern ganze Stadien füllen.

Ich hoffe, viele Freunde zu haben, auf die ich mich verlassen kann und auch eine Liebe, die es schafft, mit mir den Weg bis zum 85. Geburtstag und weiter zu gehen. Ich wäre gerne der Inhaber eines Konzerns mit ausreichend Vermögen, wodurch ich mir niemals wieder Sorgen um Geld machen muss und mir alle Wünsche erfüllen kann.

Ich habe als Persönlichkeit noch einen weiten Weg vor mir, bis ich mich als Führungskraft so verhalte, dass ich in eine Gehaltsstufe gelange, die es mir ermöglicht, ein Schloss zu besitzen, wie ich es mir wünsche. Was ich ebenfalls weiß, ist, dass Schenken mehr Spaß macht, als beschenkt zu werden. Beim Thema Dankbarkeit werde ich auf meinem Weg auch weiterhin sehr aufmerksam bleiben. Ich habe eine Idee, mit der ich der Welt gerne etwas zurückgeben möchte. Ich bin zwar noch nicht zu 100 Prozent dort angekommen, doch habe ich die Vorstellung, eine wohltätige Stiftung zu gründen. Mit dieser möchte ich Kindern und Jugendlichen, die ähnliche Erfahrungen wie ich gemacht haben, helfen. Ich möchte mit meinem heutigen Wissen als Coach in Schulklassen gehen und über die Themen Außenseiterdasein und Integration im Allgemeinen sprechen. Mir schwebt vor, so etwas wie ein Vertrauenslehrer zu werden. Ich möchte aufzeigen, wie sich unterschiedliche Gruppen zusammenfinden und -fügen können, wie sowohl Opfer als auch Macher sich gegenseitig behilflich sein können, und auf diese Weise sich auch jeder wohlfühlt. Ich möchte gerne, dass die vermeintlich dicken, pickeligen, schwulen Brillenschlangen und Nerds einen Weg aus ihrer Misere erhalten, um auch zum beliebtesten Mädchen oder dem sportlichsten Jungen werden zu können. Hätte ich damals jemanden gehabt, der mir beim Beseitigen meiner Selbstzweifel und meiner Komplexe geholfen hätte, dann hätte ich nicht 20 Jahre Leidensdruck erfahren müssen. Meine Jugend wäre dann möglicherweise so verlaufen, wie in einem kitschigen Hollywood-Streifen – mit Happy End.

Eine perfekte Vorstellung meines 85. Geburtstags durfte ich in diesem Jahr bereits live erleben. Ich half lieben Freunden von mir bei den Vorbereitungen zu ihrer Hochzeit. Sie heirateten im Schlosspark in Bad Homburg – meiner Meinung nach deutschlandweit eine der Topadressen. Als wir zur Besichtigung vor Ort waren, fand interessanterweise gerade eine Feier statt. Ein Paar feierte zwar nicht den 85. Geburtstag, aber etwas vergleichbares, nämlich den 50. Hochzeitstag.

Alle Gäste waren super chic und glamourös gekleidet. Bei der Ansprache, in der der Gatte das Glas erhob, kamen ihm und auch allen anderen die Tränen – einschließlich mir, wo ich doch eigentlich als Unbeteiligter nur durch Zufall anwesend war. Der »Bräutigam« sprach zunächst über die Kriegszeit und den Beginn seiner Berufskarriere und kam dann zu dem Thema, bei dem nicht nur ihm die Tränen kamen. Er meinte, dass er in seinem ganzen Leben viel zu wenig Gefühle gegenüber seiner großen Liebe seines Lebens gezeigt hat und seine Frau über alles liebt. Man merkte dieser gestandenen, charismatischen Persönlichkeit an, wie schwer ihm diese Worte fielen und genau deshalb waren auch alle so ergriffen.

Parallel steckte ich schon in den Interviews zu meinem vierten Kapitel mit dem Thema »Was wäre, wenn du nur noch ein Jahr zu leben hättest?« Mir fiel auf, dass wir uns viel zu oft nicht trauen, offen über unsere Gefühle und Gedanken zu sprechen. Meist geschieht dies aus der Angst heraus, abgelehnt oder dafür vielleicht ausgelacht zu werden – wie schade eigentlich.

Denn wenn wir es schaffen könnten, immer mal wieder den vermeintlich sicheren Pfad zu verlassen, um auf unser Bauchgefühl zu hören, dann wären wir alle ein großes Stück weiter.

Das bestätigte mir auch meine Lektorin, die mich anrief und mich beim Inhalt des vierten Kapitels auf das Bestsellerbuch »Was Sterbende am meisten bereuen« ansprach und wissen wollte, ob ich es kenne. Ich verneinte und kaufte es mir daher umgehend. Ganz kurz gefasst, beschreibt in diesem Buch eine Krankenschwester ihre Erfahrungen und Begegnungen mit Menschen, die im Sterben liegen und über die Versäumnisse ihres Lebens sprechen. Die Sterbenden träumten in der Regel von fünf Dingen. So wünschten sie sich etwa, sie hätten immer den Mut gehabt, sich selbst treu zu bleiben anstatt so zu leben, wie es andere von ihnen erwarteten. Sie wünschten sich, sie hätten weniger ihrer wertvollen Zeit in die Arbeit gesteckt, mehr Mut gehabt, ihren wahren Gefühlen mehr Ausdruck zu verleihen. Die beiden letzten Wünsche waren, dass sie ihre Freundschaften gerne mehr gepflegt hätten, um im Alter nicht einsam zu sein, und das Wichtigste: Sie hätten sich gewünscht, der Freude und dem Glücksgefühl mehr Raum in ihrem Leben geschenkt zu haben.

Ich weiß, dass es manchmal bequemer ist, in einer Beziehung zu bleiben, als diese zu beenden. Auch ist der Arbeitsplatz manchmal sicherer, wenn man nicht vorlaut seine Meinung kundtut und diese vertritt. Und ich weiß, dass es weniger angenehm ist, einen Korb zu erhalten als die Zusage für ein erstes Date.

Für alles, was du im Leben erreichen möchtest, braucht es Mut. Den Mut, zu sich zu stehen, den Mut, kritisch mit sich und seiner Umwelt zu sein, den Mut, Verantwortung für sich und andere zu übernehmen, den Mut, immer auf sein Bauchgefühl zu hören, den Mut, konsequent und auch mal egoistisch zu sein, den Mut, unbequeme Wege zu beschreiten, und den Mut, dorthin zu streben, wo die Luft sehr dünn ist – und nicht zu vergessen den Mut, seiner Einzigartigkeit freien Lauf zu lassen.

Das Wichtigste ist, den Mut zu haben, Glück finden zu wollen, dieses dann anzunehmen, wenn es einem widerfährt und schließlich auch festzuhalten. Ich bin dankbar – für alles, was mir bisher passiert ist, und ich habe noch unzählige Träume, die es noch zu erreichen gilt.

In diesem Sinne: »Den Mutigen gehört die Welt.« Lass dir von niemandem deine Träume nehmen, sondern setze sie in die Tat um.

Jetzt.

Die 15 Eckpfeiler eines erfolgreichen Unternehmers

1. Bau dir ein gesundes Selbstwertgefühl auf!
   Schau nicht nur in die Ferne und nach oben, sondern blicke auch einmal zurück: Was hast du bisher alles geschafft? Der Wunsch nach Wachstum ist absolut legitim und im Unternehmertum sogar unerlässlich, aber sei auch zufrieden mit dem, was du erreicht hast. Bau dir ein gesundes Selbstwertgefühl auf, das dich auffängt, wenn es einmal nicht so läuft wie gedacht. Du bist perfekt, so wie du bist – definiere dich also nicht nur über deine Leistungen.

2. Sei glücklich mit dem, was du tust!
   Halte immer wieder kurz im Hier und Jetzt inne und reflektiere, ob das, was du tust, auch das ist, was dich glücklich macht. Falls du diese Frage irgendwann einmal mit Nein beantwortest: Schlage einen anderen Weg ein! Auch ein Schritt zurück muss nicht immer mit einem Rückschritt gleichzusetzen sein. Das Leben ist zu kurz; du solltest immer dem großen Ziel nacheifern, mit dem, was du tust, glücklich zu sein.

3. Sei authentisch!
   Steh zu deinen Fehlern genauso wie zu deinen Erfolgen und versuche, immer ehrlich zu dir und deiner Umwelt zu sein. Verschwende keine unnötige Energie, indem du versuchst, eine Fassade aufzubauen oder aufrechtzuerhalten, die dir nicht entspricht. Sei du selbst, aber sei die beste Ausgabe deiner selbst, die du sein kannst!

4. Übernimm Verantwortung!
   Unternehmerische Fehlentscheidungen haben oft gravierende Auswirkungen. Und nicht immer bist nur du davon betroffen, sondern es kann auch deine Partner oder Mitarbeiter treffen. Wichtig ist, dass du keine Ausreden suchst oder erfindest, sondern Verantwortung für dein Tun und für deine Entscheidungen übernimmst.

5. Setz dir Ziele!
   Um erfolgreich zu sein, musst du wissen, was du im Leben willst. Setze Ziele – auch Umsatzziele – und kommuniziere diese auch klar und unmissverständlich. Nur wenn du weißt, worauf du hinarbeitest, kannst du auch wertschätzen, was du geschafft hast. Und nur wenn du deine Ziele klar kommunizierst, hat dein Gegenüber die Möglichkeit zu entscheiden, ob er oder sie sie mit dir verfolgen möchte oder nicht. Große Karrieren sind kein Zufall, sondern die Menschen dahinter haben sich klare Ziele gesetzt, die sie fokussiert allen eventuellen Misserfolgen zum Trotz verfolgen.

6. Fange klein an!
   Versuche, deine Fixkosten am Anfang so niedrig wie möglich zu halten, aber vermeide zu enge Kalkulationen. So kannst du es umgehen, mit zu viel Druck an das Projekt Selbstständigkeit heranzutreten. Führe dein erstes Projekt erst einmal in eine solide Gewinnzone, um anschließend mit genügend Stabilität das zweite samt möglicher Anlaufschwierigkeiten mitfinanzieren zu können.

7. Bilde materielle Rücklagen!
   Natürlich darfst du dein Vermögen in vollen Zügen genießen. Aber bilde Rücklagen! Schaff dir Sicherheiten! Versuche zum Beispiel kontinuierlich bei jeder Investition circa 20 Prozent beiseitezulegen, bis du auch mal zwei Jahre ohne Einkünfte überleben kannst. Magere Zeiten kommen irgendwann einmal auf jeden zu!

8. Bleibe kritikfähig!
   Unternehmer sind häufig Perfektionisten und Perfektionismus und Kritikfähigkeit vertragen sich nicht besonders gut. Versuche dennoch, Kritik ernst zu nehmen. Denk zumindest darüber nach, ob dein Gegenüber nicht vielleicht ein Fünkchen Wahrheit ausspricht. Genauso wichtig ist es, dich selbst immer wieder kritisch in Augenschein zu nehmen, vor allem bevor du anfängst, deinem Umfeld gegenüber Schuldzuweisungen auszusprechen.

9. Hör nie auf zu lernen!
   Aber lerne von den Besten! Und schau auch über den Tellerrand, d. h. ein solides Grundlagenwissen in allen Bereichen des Unternehmertums, auch dem rechtlichen, kann dich vor schwerwiegenden und teuren Entscheidungen retten.

10. Sei egoistisch!
    Eine gesunde Portion Egoismus gehört einfach dazu. Ohne diese wirst du früher oder später den Biss verlieren, für deine Wünsche und Ziele einzustehen. Natürlich erfordert es viel Mut, egoistisch zu sein, und du wirst dich nicht immer gut damit fühlen. Doch wenn du trotzdem deinen Mitmenschen gegenüber rücksichtsvoll bleibst und stets mit offenen Karten spielst, werden sie dich eher für deine Konsequenz bewundern, als dich für deinen Egoismus hassen.

11. Pflege deine Freundschaften!
    Auch wenn der Berg an Arbeit schon seit Wochen nicht kleiner zu werden scheint: Pflege deine Freundschaften und Beziehungen. Du wirst dich in schwierigen Lebensphasen nach vertrauten Menschen sehnen, wirst dankbar sein, wenn sie offene Ohren für deine Ängste und Sorgen haben. Doch vergiss nicht, auch deine fröhlichen und erfolgreichen Stunden mit deinen Freunden zu teilen.

12. Gehe respektvoll mit deinen Mitarbeitern um!
    Der größte Erfolg in einer Firma steht und fällt mit der Art der Führung und Förderung der eigenen Mitarbeiter. Schaffe ein Arbeitsverhältnis, indem du und deine Mitarbeiter euch auf Augenhöhe begegnet und wertschätzend miteinander umgeht.

13. Sei organisiert und strukturiert!
    Ein gesundes Chaos gehört zum Leben dazu, doch im Unternehmertum bewährt es sich, innerhalb der Abläufe gut organisiert und strukturiert zu sein. Dazu gehört es auch, die eigenen Abläufe immer wieder zu hinterfragen und zu verbessern.

14. Gehe behutsam mit der Ressource Zeit um!
    Manchmal wirst du alles auf einmal wollen. Oder du gehörst zu den Menschen, die nicht Nein sagen können. Doch vermeide es, in eine negative Stressspirale zu gelangen. Übe dich in einem gesunden Umgang mit der Ressource Zeit. Nur so vermeidest du es, ständig von dem Gefühl verfolgt zu werden, nicht genügend Leistung erbracht zu haben. Und das wiederum ist unabdingbar für ein gesundes Selbstwertgefühl.

15. Behüte das Kind in dir!
    Auch in dir steckt noch ein Teil deiner kindlichen Neugier. Manchmal ist es gar nicht so schlecht, ein wenig unbedarft an die Dinge heranzugehen. Auf diese Weise ist man nicht voreingenommen, denkt nicht negativ oder sieht Probleme, wo gar keine sind.

Nachwort

von Lukas Duzy

April 2012, Los Angeles/Kalifornien – Ein »gewöhnlicher« Sonntagabend in dem angesagten BOA Steakhouse am Sunset Blvd. in West Hollywood. Die Lichter waren aufgrund erwarteter Prominentendichte beabsichtigt gedämmt, doch die Innenbeleuchtung des verglasten Weinraumes und des Thekenbereiches erlaubten den einen oder anderen Blick auf die sich füllenden Tische des In-Lokals. Jens und ich waren verabredet mit Philipp, einem meiner deutschen Freunde in L.A. Es war ein Abschlussessen bevor Jens wieder Richtung der ersehnten Heimat flog. Nach einer Woche »Business out of office« in der Stadt der Engel war es für uns ausnahmsweise kein Geschäftsessen, ein Abend ohne Agenda und festgesetzter Ziele, ein lockerer Abschluss dieser aufschlussreichen Arbeitswoche. Doch dazu später mehr …

Abgesehen von dem Moment als Jessica Alba ihren Tisch besetzte, schien sich ausgerechnet unser Tisch aus der Masse hervorzuheben. Rein optisch genommen bleibt die Frage nach dem Warum nicht lange unbeantwortet: Jens trug einen pinken Smoking, der die Bedeutung des Ausdrucks Blickfang mehr als verdient hatte. Selbst in der Weltmetropole war der Odenwälder Bub nicht einer von vielen. Er steht konsequent zu seinem Look, seinem Stil-Statement sowie seinem Appetit nach Aufmerksamkeit. Genau von dieser erhält er gleichviel in jeder Frankfurter Nightlife-Location, wo er als Mr. hairfree bekannt ist. Der »Auftritt« in West Hollywood schien ihn allerdings weniger Anstrengung zu kosten, denn der homosexuelle und modeaffine Stadtteil von L.A. gab eine perfekte Bühne ab – jenseits von Neid, Missgunst und Lästerei. Die Tatsache, dass aus unserer Restaurant-Ecke immer wieder amüsierte Kellner- und Tischnachbargelächter kamen, verstärkte die Annahme, dass »the man in pink« entweder ein Comedy-Newcomer der nächsten Tage oder einfach eine interessante und vor allem amüsante Persönlichkeit sein musste.

Ich kenne Jens mittlerweile seit 6 Jahren. Es waren Situationen auf geschäftlicher, aber auch privater Ebene, die mir erlaubten, ihn besser kennenlernen zu können. Eine Zeit, die ich durchaus gebraucht habe, um alle seine ganz speziellen persönlichen Haltungen und Sichtweisen verstehen zu können. Es vergeht kein Augenblick in seinem Leben, ohne dass er einen analytischen Gedanken an den Tag legt. Dies betrifft beispielsweise die konzeptionelle Raumausstattung einer Hotellobby, die Zusammensetzung der Kleidungsstücke seiner Gesprächspartner im Business-Meeting oder einfach die Herangehensweise einer Stewardess an ihre Arbeit. Nichts bleibt unbeobachtet im Leben von Jens Hilbert. Die auf seinen Beobachtungen basierende Analyse führt nicht selten zu extremen Reaktionen seiner Umwelt. Diese erstrecken sich vom atemlosen Schockzustand bis hin zu grenzenloser Unterhaltung. Seine Auseinandersetzung mit den großen und kleinen Dingen des Lebens hat eines gemeinsam – den verbleibenden Eindruck des Gesprächsimpulses bei den Beteiligten.

Nun saß ich selbst am besagten Tisch im BOA Steakhouse, um das »the man in pink«-Rätsel aufzulösen ... Jens lief zu Topform auf ... Speziell die absolut charmante und perfektionierte Umgangsweise des Kellners mit seinen Gästen hat ihn angespornt, jeden nur möglichen Input für diese motivierte Arbeitsweise zu bekommen. Bereits vor der servierten Vorspeise konnten wir erfahren, dass der tatsächliche Beruf des Kellners doch eigentlich vor der Kamera stattfindet. Für mich keine ganz ungewöhnliche Situation in Los Angeles, der Stadt der Schauspielträume vieler talentierter und aufstrebender Menschen. Was für mich und Philipp eine Aussage ohne weittragende Auswirkung hatte, hat es Jens zu einer ganz ungewöhnlichen Vorgehensweise animiert. Jeder Kellnerbesuch an unserem Tisch wurde zu einer immer tiefergründigen, aber in einer stets amüsanten Art und Weise geführten Unterhaltung genutzt. Auch andere Menschen fingen an, an der Diskussion mitzuwirken und die Empfehlungen von Jens zu bestärken: »Den Mutigen gehört die Welt!« Denn wer so für seinen Traum steht, sich bei seinen Kunden so gut verkauft und vor allem das liebt, was er macht – der sollte 100 Prozent dafür kämpfen. Das Sicherheitsdenken aber zieht viele Menschen in den Hafen der Komfortzone, der allerdings genau auf dem gegenüberliegenden Ufer liegt und den Umweg zu der Traumverwirklichung manchmal so stark verzögert, dass dieser erst gar nicht erreicht wird. Für unseren Kellner war der Monat für Monat sichere Kellnerjob mehr ein Stolperstein als die Möglichkeit, das berufliche Ziel zu erreichen. Gute Bezahlung sowie lukrative Trinkgelder trugen eher dazu bei, dass der Traum von der Hollywoodfabrik einer blieb und der Fokus auf eigene Potenziale ausblieb. Ob der junge Mann heute seinen Schauspieldurchbruch feiert, weiß ich nicht – doch das Steakhouse-Ereignis sollte dieses Mal zumindest für Jens Spätfolgen haben.

Als ich Jens nach Los Angeles einlud, standen einige Punkte auf der To-do-Liste unserer Arbeitswoche und obwohl wir seit Jahren erfolgreich miteinander arbeiten, sind unsere Meinungen nicht selten verschieden. Dies führte auch in dieser Woche nicht nur einmal zu heftigen Diskussionen. PR-Strategien und Marketingplanungen für hairfree standen auf dem Plan, doch das, was Jens am Ende der Reise außerdem im Gepäck mitnahm, war meine Empfehlung, dieses Buch zu schreiben. Ein Buch als Ratgeber für Menschen, die Außergewöhnliches leisten wollen, viele Potenziale in sich tragen und am Ende leider doch das Ziel nicht erreichen. Die Art und Weise, in der »the man in pink« seine Erfahrungen und Meinungen weitergab, diese auf den jeweiligen Einzelfall individualisierte und vor allem sogar die Präsenz von Jessica Alba vergessen ließ, sollte nicht nur wenigen Menschen vorbehalten sein. Ich hätte nicht gedacht, dass meine Empfehlung auf so positive Reaktion bei Jens stößt und der ehrgeizige Manager vermutlich schon auf dem Rückflug mit dem ersten Kapitel seines Buches begann. Nicht viel anders kann es abgelaufen sein, denn sonst würden Sie nicht bereits heute dieses Buch in den Händen halten können. Gut gemacht, Mr. hairfree!

Lukas Duzy

Marketing Director hairfree

Niemand kann Dir schaden, außer Deine eigene Angst.

Jürgen Höller (juergenhoeller.com)

Der Langsamste, der sein Ziel nicht aus den Augen verliert, geht immer noch schneller als der, der ohne Ziel herumirrt.

Lessing

Es ist besser, den kurzen Schmerz der Wahrheit zu erleben, als den dauerhaften Schmerz der falschen Hoffnung.

Lebensfreudekalender 2012